できる
ビジネスマンは
日本酒を飲む

外国人の心をつかむ最強ツール「SAKE」活用術

国際きき酒師
中條一夫

時事通信社

はじめに

訪日外国人とのビジネスの現場で、あるいは海外出張や駐在の際に、本業のスキル以外に何か別の得意技があると重宝します。私は日本酒を活用しています。外国人と一緒に飲む以外にも、会話の話題にしたり、酒や酒器をプレゼントしたり、酒屋や酒蔵に案内したりと、さまざまな活用法があります。

この本は、外国人と接する日本人ビジネスマン（業種や営利非営利や官民や性別を問いません）の新たな得意技として日本酒の活用を紹介する本です。日本酒は、単に外国人を接待してもてなすだけのツールではありません。日本酒をツールとして、人脈形成、情報収集、プレゼン、意見交換など、さまざまなビジネススキルを鍛えることができます。この本では、外国人に日本酒を説明するための基礎知識だけでなく、国際ビジネスの現場で日本酒をどう活用するかの心構えと実践ノウハウを、私の体験談とアイデアを交えながらお話しします。

私は海外で日本酒に目覚めた

私はお酒を味わうのは好きですがアルコールには弱く、日本酒はコップ一杯が適量です。そんな私ですが、これまでに四カ国延べ十一年間の海外駐在と、数十カ国・地域への海外出張の機会を通じて、外国人に日本酒を勧める機会を多く経験しました。日本食レストランで会食をしたこともあれば、レセプションやイベントで日本酒を勧めたこともあります。日本で買い込んできたお酒を海外の自宅で披露したこともあれば、外国人の自宅に招かれた際に手土産として持参したこともあります。

特に、二〇〇四年から八年間の海外駐在および出張中には、それまでにも増して、外国人の日本食と日本酒への関心が高まっていることを知りました。日本では「和食（伝統的な日本食）ブーム」「日本酒ブーム」と報じられることがありますが、別に世界中の人が日本食や日本酒に関心を持っているわけではありません。それでも、外国人を食事に招待する際に、日本食であれば心なしか出席率が上がりますし、お酒が飲める人には日本酒を勧めると喜ばれました。

そこで、お酒が飲める外国人を食事に誘う際には、可能な限り日本食の店を選び、少なくとも最初の一杯はワインやビールではなく日本酒を勧めながら、日本酒の話をするよう心がけることにしました。また、外国人に手土産を持参するときなど、機会があれば日本酒を活用しました。そして、外国人に勧めながら、私自身も「あれ、日本酒ってこんなにおいしかったっけ、大学生の頃の印象と違う」と日本酒に関心を深めていきました。

日本酒がビジネスツールになった

日本酒の活用は、外国人との人脈形成のツールとして役立つのみならず、日本への関心と好感度を高める上で効果的でした。また、日本酒をきっかけに話題をさまざまな方向に発展させることができ、ビジネストークの素材としても効果的でした。

当時の私は日本酒にあまり詳しくはありませんでしたが、それでも大抵の外国人よりは圧倒的に知識や情報量は豊富です。外国人と会話をする上で自分が優位に立てる話題を持っていると精神的にも楽になります。また日本酒の話は誰もが身構えずに聞いてくれるので、会話の導入や話題を転換したい際にも最適です。海外で外国人に日本酒を勧めながら、私は、日本酒は日本人ビジネスマンの武器になると実感しました。

日本酒を知らない日本人

外国人に日本酒を勧めていると、日本酒に関してさまざまな質問をされます。しかし、日本人だからといって日本酒のことを何でも説明できるわけではありません。自分では当たり前と思って深く考えていなかったことに対する説明を求められて当惑することもありました。日本酒の入門書を読んだりネットで検索したりして、基礎知識は分かったつもりでしたが、いざ外国人に対して外国語で（私の場合は英語か韓国語で）説明しようとすると、思ったようにうまく言えず、何度も悔しい思いをしました。

入門書の知識だけでは外国人の誤解や偏見に太刀打ちできない

日本人と外国人とでは日本酒に関する関心対象も異なります。外国人の中には、日本酒を誤解している人や、日本酒への偏見をもっている人もいます。日本酒をある程度知っている人でも、日本酒を自国の酒の価値観で見て低く評価する人もいます。

こういう外国人を前にすると、入門書を読んだ知識だけでは太刀打ちできません。一方的に日本酒の知識を披露するのではなく、相手が普段何を飲んでいるのか、相手が日本について何を知っていて何を知らないのか、それを踏まえた上で相手に響く説明をする必要があると感じました。

日本に帰国して日本酒修行

外国人に日本酒を勧めながら、入門書に書いていないような意表を突く質問を連発され、時にはうまく説明できて嬉しかったり、時にはうまく説明できなくて悔しかったりしながら、いつしか私は「海外駐在を終えて日本に帰国したら、しっかり日本酒の勉強をしよう」と思うようになっていました。

日本に帰国した私は、日本酒についてさらに勉強し、旅行時には現地の酒蔵を訪問し、各種イベントや講義に参加し、国際きき酒師などいくつかの資格を取得しました。その資格を生かして、日本人、外国人を問わず日本酒セミナーの講師を務めたり、外国人に日本酒を勧めるイベントの運営にボランティアで参加したりしながら実践経験を積みました。

入門書や専門書は私の疑問に答えてくれない

日本酒について勉強する過程で私は、初心者向けの入門書から日本酒業界関係者向けの専門書まで、日本酒に関する本や雑誌を手当たり次第に百冊以上読みました。しかし、私の問題意識に正面から答えてくれる書籍がなく、もどかしい思いをしました。

日本酒に関する書籍には、マニア養成本のようなウンチク満載の本もあれば、「今飲むべき何本」といった銘柄や居酒屋の紹介記事満載の雑誌もあれば、酒販店や飲食店や酒造会社の従業員など日本酒業界の方を対象にした専門書もあります。専門用語がたくさん出てくる一方で「なぜそうなのか」という説明が少なかったり、それが日本酒特有の話なのか世界の他のお酒にも共通する話なのかが分からなかったりします。

いまなら自分の読みたかった本を自分で書ける

帰国して数年間、日本酒の勉強をして経験を積む中で、次第に「ああ、あの時はああ説明すればよかった、ああやって勧めればよかった」と思うことが増えました。「自分が学んだことや体験したことを、十年前の自分自身に伝えたい。もしかしたら、十年前に既存の入門書では満足できなかった自分が読みたかった本を、いまなら自分で書けるかもしれない」……そう思って書いたのが、この本です。国際ビジネスの現場で、十年前の自分自身と同じような思いをしている人が、きっと日本の、世界のどこかにいるはず。そういう人の目に留まり、少しでもお役に立てれば幸いです。

なお、この本は私の個人的な考えを書いたものであり、私の所属する組織や団体の見解を示すものではないことを申し添えます。

コラム

「外国人」と「日本人」は二者択一ではない

この本には「日本人」「外国人」という表現が出てきます。「外国人」と言ってもさまざまな国や地域出身のさまざまな人がいるので一括りにできないことは言うまでもありませんが、その前提でさらに言えば、「外国人」と「日本人」も二者択一の概念ではありません。実際には、日系外国人、日本永住外国人、日本国籍を取得した元外国人、日本人と外国人の子、外国籍を取得した元日本人、外国永住日本人、帰国子女などさまざまな人がいて、単純に「外国人」と「日本人」を二分できるものではありません。

日本酒の話をする際には、日頃から日本食と日本酒に親しんでいる人が「日本人的」、馴染みのない人が「外国人的」であることが多いと思いますが、日本人が驚くほど日本酒に詳しい外国人もいれば、日本酒に関心のない日本人もいますので、一概には言えません。また、同じ人であっても時と場合により、あるときには日本人的であったり、あるときは外国人的であったりすることも多いと思います。

この本では便宜上「外国人」「日本人」という表現を使いますが、個々の表現については「この点については自分は日本人的かな、外国人的かな」と思いながらお読みください。

目次

第四章 あなたの真価が問われる日本酒の「武器使用三原則」

第二部 基礎知識編

第五章 外国人にも分かる「サケって何？」

第六章 外国人にも分かる「コメがサケになるまで」

第三部 実践テクニック編

第七章 国際ビジネス目線で日本酒を選ぶ

第八章　国際ビジネスの現場における「日本酒のトリセツ」

第九章 外国料理に日本酒を合わせる

第十章 外国人の誤解や偏見に対応する

第一部

心構え編

第一章

日本人ビジネスマンの武器になる日本酒

1 日本人の名刺代わりになる

人間は地球上のどこにいても、そこにあるもので酒を造る生き物です。ブドウが穫れればブドウで、麦が穫れれば麦で、コメが穫れればコメで酒を造ります。

したがって私たちは酒を地元紹介のツールとして使うことができます。自分の地元はこんな場所であり、こんなものが穫れて、こんな酒を造っている、と酒を通じて語ることができます。

日本には「地酒」という素敵な言葉がある

フランスの酒の勉強をすると「テロワール」という言葉が出てきます。「畑が違うと土壌や気候が違ってブドウの風味が違うので酒の風味も違う」ひいては「酒はその畑の土壌と気候を表現している」という意味です。土壌と気候に造り手を加える場合もあります。

これはフランスの酒に限った話ではありません。「テロワール」の語源「テラ」は「大地」

や「地球」の「地」です。「地」と言えば、日本にも「地酒」という言葉があります。全国規模で流通する酒に対して、地域内で造られ飲まれる酒という文脈で使われることが多いです。地酒にはその地方の土地と気候と収穫物と人々の営みが反映されています。

外国人が「テロワール」という横文字を語っても臆する必要はありません。日本にも「地酒」という素敵な言葉があります。地球上に生きる酒飲みの考えに優劣はありません。

日本酒は日本の酒の代表選手

地球上のさまざまな酒にはさまざまな名前がついています。フランスの酒を「ワイン」、日本の酒を「日本酒」と異なる名前で呼び分けてしまうと、それらが異なるものであるという意識が先に立ち、「人間は地球上のどこにいても、そこにあるもので酒を造る」というグローバルな視点で互いに共感することが難しくなってしまいます。しかし、ローカルな視点で地元の酒を語る際には地元の呼び名が必要になります。

日本の酒には、日本酒の他にも、蒸留という技術が伝えられてから広まった焼酎・泡盛があります。これらを合わせて和酒とも国酒とも言います。さらに、明治以降に西洋の技術が伝えられてから広まった、ビールやワインやウイスキーなどの洋酒があります。これらを合わせて日本産酒類と呼ぶことがあります。

私は日本人ビジネスマンが本格焼酎や日本ワインなどを活用することも有意義だと思いますが、日本産酒類すべてを「日本の酒」として語り始めると一冊の本では語り尽くせません。この本では、日本の酒の中でも歴史が古く、海外でも「サケ」として知名度の高い日本酒について重点的にお話しすることにします。

コラム

南スーダン人と日本酒で意気投合した話

独立したばかりの南スーダンに一カ月ほど出張に行ったことがあります。現地の関係者を夕食に誘った際、乾杯は地元産のビールでしたが、二杯目に、私はカバンの中からアルミ缶の日本酒を取り出し、これが日本の伝統的な酒であることを説明しつつ、先方と私のグラスに半分ずつ注いで乾杯しました。

彼は透明な液体を一口飲んで、「これは我々のアラキみたいだ」とつぶやきました。

私は焼酎の入門書で読んだ知識として、蒸留酒は中東が発祥で、蒸留器はアランビック、蒸留酒は地域によりアラックとかアラキとか呼ばれ、安土桃山時代の日本の古文書にも荒木酒という表記で宣教師が持参した蒸留酒に関する記述があることは知っていました。また、分離独立前のスーダンでは、酒を飲まない現スーダン人（主にイスラム教徒）の政権下で、酒を飲む現南スーダン人（主にキリスト教徒）がナツメヤシの果汁を発酵させ蒸留した密造酒を飲んでいたことも新聞記事で読んで知っていました。

自分の耳で「アラキ」という単語を聞いたのは初めてだったので驚き「本当に今でもそう呼ぶんだ」と内心感激しましたが、彼が言いたいのは「西洋のワインやビールやウイスキーではなく、自分たちが伝え造ってきた酒に似ている」という趣旨だと理解したので、私は大きくうなずいて彼と握手を交わしました。決してここで「いやアラキはウイスキーの仲間で日本酒はワインの仲間だから違う種類の酒だよ」的な野暮な返事をしてはいけません。

民族の酒に、乾杯。

②「消費者目線」「生産者目線」「ビジネス目線」を使い分けられる

私は海外で外国人に日本酒を勧める機会が数多くありましたが、状況により勧め方も異なれば勧める目線もさまざまでした。その当時はあまり意識していませんでしたが、いま当時のことを思い出して整理してみると、そこには三つの目線（消費者目線・生産者目線・ビジネス目線）があったように思います。

消費者目線～日本酒を飲めばおいしい、楽しい

私が外国人の友人に対して日本酒を勧める際には、一人の酒飲みとして、一緒においしく楽しく飲める嗜好品として、あるいは食事のお供として、日本酒を勧めています。これは消費者目線です。これをあえて堅苦しく言えば「社交」「文化交流」の目線です。

生産者目線～日本酒を飲んで応援

海外で日本酒ＰＲイベントを手伝う際、あるいは仕事のイベントの中で日本酒をＰＲする

際には、まずは外国人に日本酒について知ってもらうため、そして最終的には日本酒を継続的に購入して飲んでもらいたいという期待をしつつ、日本酒を勧めています。これは生産者目線です。これをあえて堅苦しく言えば「輸出促進」「企業支援」の目線です。

ビジネス目線～日本酒を武器として活用

外国人との会食の席上で日本酒を勧める際には、酔うためでも売るためでもなく、先方と親しくなり、ビジネスを円滑に進めるためのツールとして日本酒を勧めています。これはビジネス目線です。これをあえて堅苦しく言えば「接待」「人脈形成」「情報収集」「プレゼン」「意見交換」などの目線です。

外国人に日本酒を勧める際には三つの目線を意識する

これらの三つの目線は明確に区別できるものではなく、複数の目線が交じり合っている場合も多々あります。消費者目線の場合は深く考えずにただ飲むだけでも構いませんが、生産者目線やビジネス目線が含まれるような機会には、日本酒を漫然と飲むのではなく、それらの目線を意識すれば、ビジネスツールとして活用できるようになります。

一般的な日本酒入門書の大半は、消費者を啓発する目的で消費者目線で書かれたものです。生産者目線で書かれている書籍は一般の書店には少ないですが、日本酒関連の業界団体などが発行している書籍や雑誌、業界紙などが該当します。この本はビジネス目線を意識しています。

3 さまざまなビジネスシーンで活用できる

ビジネスの現場で「日本酒を活用する」と言うと「差し向かいで飲む」シーンが浮かびます。もちろん実際に飲んでもらうことが大切なのですが、私は、実際に飲む以外にもさまざまなビジネスシーンで日本酒を活用しました。

日本食レストランに誘う

日本人ビジネスマンにとって、仕事の会食や歓送迎会、仕事相手との飲み会など、相手を食事に誘う機会はよくあると思います。私も海外駐在中、仕事相手の外国人を会食に誘う機会が多くありました。そういう時に、日本酒の飲める日本食レストランに誘うのは効果的です。多くの外国人は、日本食には良いイメージをもっていますし、日本酒にも関心はあるがよく知らないので飲んでみたいという人が多いです。

私の海外での体験からも、外国人に対して「日本酒のおいしいレストランがあるのですが今度ご一緒にいかがですか」と誘った方が、通常のレストランに誘うよりも気軽に声がかけられますし、相手の反応も概して良かったです。

もし先方がお酒を飲めない人であった場合にも、お酒は抜きで食事の約束をすることにつなげることはできます。そういう意味では、気軽に声をかけるツールとして日本酒は役に立っています。

自宅に誘う

日本ではビジネス相手を自宅に招くことはあまりありませんが、海外では、国や地域によっては、レストランよりも自宅に客を招く方が喜ばれることもあります。しかし、海外に駐在する日本人は自宅への招待に慣れていないため、外国人との距離感を縮めるチャンスを逃しがちなケースもあり、残念です。

海外の自宅に日本酒の買い置きがあれば「先日日本に一時帰国した際に珍しい日本酒を何本か買って来たので、今度自宅で飲み比べの会をやろうと思うのですが、いかがですか？」と持ちかけると、かなりの確率で関心が示されますし、その場で実際に日時の調整が進むこともありました。

ホームパーティーを一度でも開けば、相手との関係は格段に深まります。単身赴任で料理に自信がない場合は、つまみはテイクアウトでも各自の持ち寄り形式でも構いません。自宅という場を提供することが重要であり、日本酒がそのきっかけを作ります。

先方が当面忙しい場合でも「次の機会にぜひ誘ってください」と好意的に断られることが多いです。先方が終業後は家族と過ごすことを優先する人だとしても、そのような招待を受けたということを好意的に覚えてくださる方も多くいます。本気で誘えば、たとえ断られても決して無駄ではありません。

イベントやレセプションで使う

仕事上のイベントや記念日など、ホテルの宴会場でレセプションを開催することがあります。日本国内でもホテルのセットメニューにはドリンクに日本酒が含まれていない場合が多いですし、海外では自分で手配しなければまず出てきません。日本酒の調達をアレンジして提供すれば、来場者にも強いインパクトを与えることができますし、会場での話題にも活用できます。

国内はもちろん、海外でも日系ホテル、日本人会、大使館などで、樽と小槌と枡をイベント用具として常備してあれば、イベントの際にテープカット代わりにステージ上で鏡開きを行うことがあります。お酒を飲まない来場者に対しても日本情緒を演出できます。

プレゼントに贈る

外国人から会食や自宅に招待された際、あるいは海外出張の際の手土産にも、日本酒は重宝します。もちろんお酒が飲めない人もいるので日本酒が万能ではありませんが、日本酒は

「十分に珍しがられる」「予算に応じた選択が可能」「小瓶や缶入りもあり気軽に使える」「ウイスキーやワインよりもコスパが良い」といった利点があります。

日本酒そのものでなくても、酒器（グラスやお猪口など）、日本酒に関する本（外国語版も増えてきた）をプレゼントにするという手もあります。

外国人を酒蔵に案内する

日本に駐在中あるいは研修中の外国人を誘って、週末に酒蔵に連れて行ったことがあります。ビジネスで訪日して短期滞在している外国人の方から、半日や一日の空き時間が生じた際の過ごし方について相談された場合にも、私は酒蔵訪問を提案したことがあります。

一軒の酒蔵を訪問するために半日あるいは一日の旅行をするのは大変ですが、その地域の酒蔵訪問を含めた形の小旅行を提案することで、日本の滞在を忘れられない思い出にできます。事前に調べて確認する必要がありますが、外国人向けのパンフレットを用意していたり外国人訪問客の訪問を歓迎する蔵が増えています。

4 日本食と日本酒は日本人の資産

世界には約二百の国があります。その中で「イタリアと言えばパスタ」「タイと言えばトムヤムクン」のように、国名とその国の料理をセットで言えるのは何カ国あるでしょうか。地図を見ながら真剣に数えれば何十カ国もあるでしょうが、何も見ずに二十カ国言える人は少ないと思います。

では、その中で「フランスと言えばワイン」「メキシコと言えばテキーラ」のように、その国の代表的な酒もセットで言えるのは何カ国あるでしょうか。そうなると、十カ国言うのも一苦労ではないでしょうか。

日本食と日本酒という日本人の資産を運用しよう

日本人が外国人に対して「好きな外国料理は?」と尋ねるとリップサービスしてくれる人もいるでしょうから、日本料理が上位に入っても手放しでは喜べません。それでも、大抵の国では、外国料理を二十カ国も挙げてもらえば日本の「スシ」は入ってくると思いますし、酒もセットであれば、十カ国も挙げてもらえば日本の「サケ」は入ってくると思います。

世界各国で日本食レストランが増えているといっても、残念ながらイタリア料理やインド料理や中国料理には遠く及びません。特に、外国人が日本食として真っ先にイメージする「スシ」は衛生上の要求水準が高く、世界のどこでも手軽に食べられるわけではありません。しかし、世界各国で日本食の知名度は高く、健康的なイメージもあり、「食べたことはないが機会があれば食べてみたい」と関心を持っている人は多いです。同様に、日本の食文化における酒部門を代表する日本酒についても、世界のどこでも気軽に飲めるわけではありませんが、「飲んだことはないが機会があれば飲んでみたい」と関心を持っている人は多いです。外国人の訪日目的に関する調査では「日本食を食べること」や「日本酒を飲むこと」が上位にランクインしています。

世界に約二百の国がある中で、「国名を冠する料理」と「その国の代表的なお酒」で外国人をおもてなしすることができる国は限られており、その中に日本が含まれているのは非常に幸せなことです。そして、これは単なる偶然や幸運ではありません。

日本食と日本酒は日本人が代々受け継ぎながら発展させてきた貴重な資産です。この資産を運用しないのはもったいないです。先人に対する感謝の意も込めて、国内においても海外においても、日本食とともに日本酒を大いに活用したいと思います。

第二章

国際ビジネスの現場で誰にでも活用できる日本酒

1 英語が苦手でもいい

外国人に日本酒を勧める際に、特別な語学力はなくても構いません。英語の場合だと中学・高校で習ったことがあれば何とかなります。

中学・高校レベルでもいい理由

私は決して「語学力を身につけなくてもよい」「片言でよい」と言っているわけではありません。語学力はあればあるほどよいです。ここで言いたいのは「自分の語学力は不十分だから」と外国人に日本酒を勧めるのをためらって沈黙するのはもったいないという話です。

「発酵」という単語が言えなかったら

たとえば、外国人に日本酒の説明をしていて、「発酵」という単語が言えなかったとします。

しかし、この本を読み終わったあなたは、お酒を造る際には「糖がアルコールになる」ということを知っています。詳しくは後で説明しますが、そうであれば「発酵」という単語が言えなくても「糖がアルコールになる」と言えれば、とりあえず外国人には伝わります。

これを中学校で習った英語で「シュガー・ビカム・アルコール」と言っても、「シュガー・チェンジ・トゥー・アルコール」と言っても、「シュガー・ターン・トゥー・アルコール」と言っても、とりあえず外国人には伝わります。「この日本人は自分の知らない日本酒について説明を試みてくれている」と分かれば、少々発音や文法が違っていても、外国人はちゃんと聞いてくれます。

「純米大吟醸」の英訳を暗記しても意味がない

「日本酒を外国人に説明する」と言うと、すぐに「『純米大吟醸』を英語で何と訳すか」とか「日本独自の用語なので下手に訳さず『ジュンマイ・ダイギンジョー』でよい」とかいう話になりがちです。英訳を考える作業は大切ですが、その訳語を暗記しても、あるいは日本語のままでも、外国人には通じません。

専門用語は英語であろうと日本語であろうと初心者には通じません。日本人でも「『純米大吟醸』とは何か日本語で説明してください」と言われて即座に説明できるビジネスマンは少ないと思います。普通の日本人が日本語で説明できないものには、普通の外国人が聞いて一発で分かる訳語はないと思った方がよいです。どんな立派な訳語を暗記しても、外国人から「それ何ですか」と聞き返されたら試合終了です。

日本語で理解すれば自分の語学力に応じて説明できる

外国語で何というかを考えることも大切ですが、まずは日本酒について日本語で理解して、日本語で説明できるようになる方が大切です。日本語で説明できるものであれば、あとは自分の語学力に応じて、拙くても自分の言葉で説明できます。語学ができるに越したことはありませんが、まずは自分の語学力の範囲内で気軽に日本酒を勧めましょう。

日本語で説明できれば通訳や音声翻訳も活用できる

国際ビジネスの現場では、外国人側が日本語通訳を同行させていることもあります。また、携帯端末での音声翻訳も日進月歩です。通訳や音声翻訳は外国語に関しては頼りにできますが、日本酒の知識と理解については自分自身が頼りです。日本酒について日本語で説明できれば、そこから先は通訳や音声翻訳も活用できます。

外国人イコール英語ではない時代

世界の日本酒市場を人口と言語に注目して見ると、英語と同じくらい中国語と韓国語が重要です。世界のワイン市場を意識するならば、ヨーロッパの諸言語も重要です。「外国人に説明する」というと英語をイメージする人が多いですが、実際には、世界各国の言語に対応する必要があります。しかし「専門用語を英語で何というか」だけでも苦労するのに複数の言語に対応する余裕はありません。

日本酒について日本語で説明できるようになれば、通訳や音声翻訳を介して、英語圏のみならず世界各国の外国人に対応できる人材になれる時代なのかもしれません。

これからは「やさしいにほんご」のじだいです

日本国内でも外国人の長期滞在者や永住者が増え、特に防災分野で「やさしいにほんご」の必要性が指摘されています。「外国人だから外国語で」とは限らない時代がきています。もしかしたら「発酵」よりも「とうが　あるこーるに　なる」の方が時代の先をいっているのかもしれません。

2 酒に弱くても飲めなくてもいい

私は日本酒を味わうのは好きですがアルコールには弱く、日本酒は五勺（九〇ミリリットル）が適量、一合（一八〇ミリリットル）でもう十分です。無理して二合も飲むと、体が苦しくなってもう飲めなくなります。幸いにも、飲んだ翌朝に苦しくなるのではなく、飲んでいるうちに苦しくなるので、それ以上は飲めなくなります。

たくさん飲めない分だけ、何を飲むかには気を配ります。量は少ないので散財することはなく、おいしい酒や珍しい酒を少しずつ味わって経験値を増やすのが好きです。

日本酒を勧める人が酒に強い必要はない

私は海外で外国人に日本酒を勧める機会が多かったのですが「自分はお酒に強くないから日本酒を勧めるのは苦手」と思ったことはありません。日本酒を好きであることは強みになりますが、アルコールに弱くても、あるいは全然飲めなくても、日本酒を勧めながら説明をすることはできますし、ビジネスツールとして活用することはできます。

最初から最後まで日本酒でなくてもいい

私は「ビールやワインは飲まずに常に日本酒を飲もう」と主張しているわけではありません。日本酒で乾杯した後に「もう一杯、これとは別のタイプの日本酒を飲んでみますか、それともビールかワインにしますか?」と尋ね、別の酒に切り替えることもあります。酒に強そうな相手には引き続き日本酒を勧めつつ、自分はノンアルコールのドリンクに切り替えることもあります。その辺りは臨機応変です。日本酒を最初から選択肢としないのはもったいないという話です。

日本酒が大好きな人はむしろ要注意

外国人に日本酒を勧める日本人が「日本酒が大好き」であればよいとは限りません。たとえば、会計事務の担当者にはお金に詳しい人が適任ですが、お金で理性を失う人に会計事務を任せるのは危険です。日本と外国との間で働くビジネスマンが、相手国を好きであることは大切ですが、日本よりも相手国を愛するようになっては危険です。

同様に、日本酒を外国人に勧める日本人が日本酒を好きであることは大切ですが、日本酒が大好きで日本酒で理性を失うほど飲んでしまうという人が日本酒をビジネスの現場で使う際には注意が必要です。逆に、日本酒への関心と理解があれば、お酒が飲めない人も日本酒を上手に活用することが可能です。

コラム

会食で日本酒が出ない理由に驚いた話

東南アジアのある国に出張した際、外国人を交えた会食の際にフランスのワインが出てきたことがあります。これ自体はごく普通のことですし、私も主催者サイドの同席者という立場なので神妙に過ごしました。

もちろん状況によっては、日本ワインを出す場合もあれば、主賓にとって思い入れのある外国ワインを出す場合もあります。今回は特にそのような感じでもありませんでしたので、会食後に担当者に「こちらでは外国人との会食に日本酒を出したりしないのですか」と尋ねたところ、私の想定外の答えが返ってきました。

「いえ、うちの上司は日本酒を飲まない人なんです」

いやいや、上司が自分で飲むか飲まないかの問題じゃないでしょ。

外国人に日本酒を勧める目的は、同席する日本人がお相伴に預かって楽しむことではありません。プライベートで好きな酒を心ゆくまで飲むのは自由ですが、ビジネスの現場においては、自分が酒飲みだから酒を活用するという考えも公私混同ですし、同様に、自分が日本酒を飲まないから日本酒を活用しないという考えも公私混同だと思います。

主賓の外国人が酒を飲まない人だったり、日本酒は苦手だということがすでに分かっているのであれば無理する必要はありません。しかし、相手が飲酒可能な人であれば、かつ日本酒が入手可能な場所であれば、最初の一杯は日本酒で乾杯するとか、日本酒の活用を少なくとも検討はしてほしいものです。

もし主賓が酒を飲む人で主催者が酒が飲めない人という場合は、形だけ乾杯するとか、飲むのは同席者に任せて自分は紹介に徹するという方法もあります。

3 味覚に鋭敏でなくてもいい

私は外国人に日本酒の説明ができるようになりたいと思って国際きき酒師の勉強をしたの

であって、味覚が鋭敏だったからではありません。いま二種類の酒を同時に飲み比べれば、どちらが好きとか言えますが、二週間前に飲んだ酒といま飲んでる酒のどちらが好きかと問われると自信がありません。ましてや酒を一口飲んで銘柄を当てたりできませんし、マンガのような詩的な表現もできません。

多くの人は味覚の能力がないのではなく自信がない

日本酒について話をしていると「私は味覚が鈍感なので日本酒について語るのは苦手です」という人によく出会います。でも話を聞いてみると、日本酒を飲むことは好きだったりします。グルメ情報や飲食店巡りにも目がなかったりします。

では何が「苦手」なのかを探っていくと、そこには「恥ずかしい」という心理があるようです。たとえば、他の人から「この日本酒は甘口か辛口か」など味について問われた場合に正しく答える自信がない、間違っていたら恥ずかしいという心理。あるいは、自分がおいしいと思ったお酒の銘柄を挙げて、他の人から「えー、そんなの喜んで飲んでるんですかぁ」と馬鹿にされたら恥ずかしいという心理。これらは「能力がない」のではなく「自信がない」という方が正確なのかもしれません。そういう人には私は次の話をしています。

味覚のストライクゾーンは人それぞれ

人の味覚は野球のストライクゾーンのようなものです。誰しも味覚の「ストライク（おいしい）」と「ボール（まずい）」を感じます。ストライクにも「ど真ん中のストライク」もあれば「かろうじてストライク」もあります。ボールの中にも「わずかにボール」もあれば「明らかなボール」もあります。

味覚においても野球においても、ストライクゾーンには個人差があります。野球については、ルール上のストライクゾーンは決まっていますが、個人がストライクと感じるゾーン（打ってヒットにできるゾーン）には個人差があります。「悪球打ち」とか「名人芸」とか呼ばれる人は、ルール上のストライクゾーンよりも個人のストライクゾーンが広い人なのでしょう。

味覚においても、個人のストライクゾーン（おいしいと思うゾーン）には個人差があります。ストライクゾーンが広い人（何でもおいしいと思う人）もいればストライクゾーンが狭い人（好き嫌いが激しい人）もいます。

舌が肥えるとはストライクゾーンが狭まること

個人のストライクゾーンは、経験を積めば境界線が明確になってきます。私は二十代前半の頃はどんな日本酒を飲んでも「日本酒だ」としか思いませんでしたが、そのうち、日本酒についても、おいしい日本酒とまずい日本酒があると感じるようになりました。境界線の曖昧だったストライクゾーンが次第に明確になってきました。

個人のストライクゾーンは、経験を積んで境界線が明確になった後は、経験を積むほど次第に狭くなってくるように思います。いままで普通のストライクだったものが慣れてくるとギリギリストライクに感じたり、いままでギリギリストライクだったものが飽きてくるとボールに感じたりします。これは個人のストライクゾーンが狭くなってきたのだと思います。

よく「このラーメン屋は開店当初はおいしかったのに最近味が落ちてきた」というような発言をする人がいますが、これは、本当にラーメン屋のせいである場合もあるでしょうが、その人のストライクゾーンが狭くなったからだと考えた方が説明がつく場合もあります。日本酒についても同様です。これが俗に言う「舌が肥える」という現象の正体だと思います。

ストライクゾーンが広い方が人生は幸せ

世間的には「舌が肥えている」人は「グルメ（美食家）」と呼ばれます。しかし私は、舌が肥えているグルメが人生幸せなのかと考えると、微妙なように思います。ストライクゾーンが広くて何を食べても何を飲んでも「おいしい」と思える人の方が人生は幸せかもしれません。しかも経済的です。

先ほどのたとえで言えば、もし、自分がおいしいと思ったお酒の銘柄を挙げて他の人から「えー、そんなの喜んで飲んでるんですかぁ」と馬鹿にされても、決して恥ずかしがる必要はありません。むしろ「ああ、この人はストライクゾーンが狭い人なんだなあ、人生不幸せなのかもなあ」と心の中で同情してあげる方が精神衛生に良いです。

4 専門用語や銘柄を暗記しなくてもいい

日本酒の入門書を開くと専門用語がたくさん出てきます。これらを覚えると、日本酒に対する理解が深まります。しかし、誰もがこれらを全部覚えられるわけではありません。

ビジネスマンの時間や情熱は有限

日本酒業界で働くプロの方や資格を目指す人は、たくさんの専門用語を正確に覚えることが求められますが、そうでないビジネスマンは、誰もが本業でそれなりに忙しく、誰もが日本酒の勉強にいくらでも時間と情熱を注げるわけではありません。

日本酒の銘柄も同じです。さまざまな銘柄を知っていると、酒屋で買う際にも飲食店で飲む際にも、その場に応じた選択ができますし、何より楽しいです。しかし、人によって暗記力には差があります。

日本酒の酒蔵がピーク時と比べて三分の一になったと言われますが、それでも、日本全国には千以上の酒蔵があります。一つの酒蔵で複数の銘柄の酒を造っているところもあるので、銘柄の数はさらに多いです。プロやマニアでも全部を覚えるわけにはいきません。

暗記したものは忘れるが、理解したものは忘れない

私が受験生だった頃のことを振り返れば「暗記したものは忘れるが、理解したものは忘れない」という法則があるように思います。この本では専門用語は最小限にします。具体的な銘柄も極力出しません。統計もざっくりとした数字で説明します。正確さを求める方は、今は本よりもネットで最新の数字を検索できる時代です。

本に書かれたことの暗記を求めるのではなく、なぜそうなったのかを理解しながら読み進められるよう心がけます。

5 日本酒通にならなくてもいい

日本酒に限らず、ワインでも、コーヒーでも、ラーメンでも、音楽でも、外国事情でも、身の回りには妙に詳しい人がいたりします。そういう人は「何々マニア」とか「何々通」とか呼ばれたりします。マニアという表現には「愛着や情熱」を感じ、通という表現には「知

識や経験」を感じます。

悪い日本酒通が日本酒文化を滅ぼす

「日本酒通」といえば「日本酒の知識や経験が豊富な人」という良いイメージもありますが、「一方的にウンチクをひけらかす嫌な奴」という悪いイメージもあります。日本酒の初心者が悪い日本酒通に当たってしまうと、日本酒自体が嫌いになってしまいます。これは不幸なことです。次世代を担う日本酒の飲み手がますます減ってしまいます。

悪い日本酒通は、日本人でさえも日本酒を嫌いにさせるパワーを持っています。ましてや、外国人が日本酒を好きになってくれるはずがありません。日本人ビジネスマンが外国人に日本酒を勧めるに際しては、自分が日本酒通である必要はありません。ましてや悪い日本酒通にはなりたくありません。（便宜上「悪い」と表現していますが人格批判ではありません）

悪い日本酒通を回避する三つのポイント

私は日本酒に目覚めて以降、日本酒に詳しい方々にお会いする中で、心の中で密かに「良い日本酒通」と「悪い日本酒通」を見分けるポイントを三つ発見しました。飲み屋で悪い日本酒通に遭遇したら密かに距離をとりますし、自分が悪い日本酒通にならないよう自戒の標語にもしています。良い日本酒通には積極的に教えを請い、良い日本酒通になりたいです。

①良い通は、初心者の気持ちを覚えている通。
　悪い通は、初心者の気持ちを忘れている通。
②良い通は、初心者が聞けば何でも答えてくれる通。
　悪い通は、初心者が聞かないのに教えにかかる通。
③良い通は、初心者の楽しみ方を広げてくれる通。
　悪い通は、初心者の楽しみ方を狭めにかかる通。

知っていることだけ伝えればいい

さきほど「英語が苦手でもいい」という話をしましたが、英語だけでなく日本酒の知識も完璧である必要はありません。全ての日本人ビジネスマンが日本酒通にならなくてもいいと思います。知っている範囲内で伝えるだけでも日本酒は立派なツールになります。

6 日本人が海外で飲み、国内で勧めることが大切

社会人になって出張で海外に行くようになった頃、私は極力、現地のビールやワインなど現地の酒を注文するように心がけていました。この頃の私は、心の片隅で「海外に出てまで日本食や日本酒を注文するのは、いかにも軟弱な日本人みたいで恥ずかしい」と思っていました。

海外で日本食・日本酒を恋しがるのは軟弱な日本人？

その後、海外駐在の期間中に会食やレセプションで外国人に日本酒を勧める機会が増えると、私自身「最近の日本酒っておいしいな」と思うようになり、日本酒に目覚めました。そして、一時帰国した際に日本酒に関する本や雑誌を買い込んで読みあさりました。

多くの日本酒本の中で私が一番感銘を受けたのが、初版が一九六四年という昔の本でした。その中の次の一節が私にとっては特に衝撃的でした。

「あの苦いビールでさえ、その始めは海外へ出かけたヨーロッパの人たちが、その出先の国々

へめいめいの故郷のビールを持ち込んだために、現在のような世界的普及を見るに至ったことを考えると、海外へ出る日本人たるものは行く先々のホテルで清酒を遠慮なく注文してもらいたいものである。」（坂口謹一郎「日本の酒」岩波文庫、一〇一頁）

日本酒を日本人が飲まずに誰が飲む？

そう、外国人に日本酒を継続的に楽しんでもらうためには、日本人の手土産や日本人主催のイベントだけではなく、現地のレストランや酒屋で日本酒が入手可能でなければなりません。しかし現地に一定の需要がなければ輸入の販路が開けませんし、現地に日本酒の説明ができる人がいなければ外国人の関心も理解も深められません。海外に出張し海外に駐在する日本人ビジネスマンが、自分で日本酒を飲み、それを現地の外国人に勧めなければ、外国人が海外で日本酒を楽しむインフラが築けません。

この本を読んで以降、私は仕事以外の場でも海外で堂々と日本酒を飲むようになりました。もちろん、現地の酒との比較をしながら日本酒の説明をする場合が多いので、現地のお酒も飲みます。

日本にいても気がつけば身の回りに外国人

海外駐在を終えて日本に帰国した私は、訪日外国人の増加を実感しました。以前は国内で外国人に日本酒を勧めると言えば、外資系企業で外国人と一緒に働く人材など、限られた職業の人をイメージする人が多かったと思います。

しかし最近は、地方都市にある中小企業であっても海外との取引や提携が珍しくなくなりました。地方都市にも外国人観光客が訪問するようになり、留学生や実習生など身近で働く外国人もよく見かけるようになりました。地方都市の商店街で普通に店を構えていても外国人客が来ることがあります。

興味はあっても日本酒に戸惑う訪日外国人

日本にやってきた外国人の多くが、食事中に、あるいはオフタイムに、酒を飲みます。我々が外国に行ったら本場の外国料理を食べ現地の酒を飲んでみたくなるように、日本にいる外国人にも、日本に来たら日本酒を飲んでみたいという人はたくさんいます。

しかし、大半の外国人は、どこで何をどう飲めばよいかが分かりません。銘柄や製品の違いが分からないどころか、そもそもラベルやメニューが読めません。日本酒と焼酎の違いも分かりません。そのため、ビールやワインばかり飲んでいる人もいます。日本酒を飲んではみたけど、たまたま自分の口にあう製品や飲み方ではなく、日本酒ってこんなものかと思って飲まなくなった人も多いと思います。それはもったいないことです。

日本人ビジネスマンが外国人に日本酒を勧めることが大切

昔の日本人は「外国人は日本食が苦手、生魚は苦手、箸が苦手」と思い込んでいましたが、決してそんなことはありません。人それぞれです。同様に、外国人が日本酒を気に入るか気に入らないかも、人それぞれです。ビジネスで外国人に接する日本人が実際に目の前で日本酒を飲んだり、日本酒を勧めたり、日本酒の話題になった際に話をすることが大切です。

第三章

さまざまなビジネス能力をアップする日本酒

1 接待編～ゴマスリではなく相手への敬意の表現

日本語で「接待」というと「接待ゴルフ」「接待カラオケ」のように「仕事相手に気に入ってもらうために仕事以外の場で相手に楽しんでもらう」というイメージがあります。さらには「意図的に自分が下手なようにふるまって相手が上手だと褒め称える」ような「ゴマスリ」のイメージさえ伴います。時には「癒着」の臭いさえ漂います。もちろん、これは偏ったイメージであり、本来の「接待」には悪い意味はありません。

接待とは「おもてなし」

本来「接待」には悪い意味はなく、相手に対する「おもてなし」を意味します。四国などのお遍路さんに対する沿道住民による便宜の提供が「お接待」と呼ばれている例もあります。「お接待」は、僧侶の托鉢に対するお布施とも少し違いますし、ましてや観光客の経済効果に対する返礼サービスではありません。「おもてなし」という日本語はしっくりきます。

英語で「お接待」や「おもてなし」に近い単語に「ホスピタリティー」があります。「ホテル」など場所を示す単語や、「ホスト」など人を示す単語にもなっています。接待は日本独自の文化ではなく、外国人とのビジネスにおいても重要です。

おもてなしとは「敬意の表現」

私は、外国人との会食で日本酒をふるまったり、手土産に日本酒を持参したり、日本で外国人を酒蔵に案内するなど、接待に日本酒を活用した経験を通じて、おもてなしとは「敬意の表現」であると理解し実践しています。

接待は、相手が誰であろうと自動的に行うものではありませんし、誰に対しても全く同じことを行うものでもありません。見返りのために行うものではありませんし、自分のために行うものでもありません。これから一緒に仕事をする相手だったり、すでに一緒に仕事をしている相手だったり、仕事と関係ない友達だったり、いずれの場合でも、根底にあるのは相手に対する敬意です。

敬意の表現としての「ワイン」と「日本酒」

首脳外交の晩餐会で何のワインが使われたかが話題になることがあります。ワインだけではなく接待のあらゆる面で相手への敬意は表現されますが、何のワインが使われたかは部外者にとっても敬意の程度を推測する上で分かりやすいので注目されるのでしょう。

食中酒にワインを飲む外国人は、会食接待でワインをおもてなしに活用します。特に格付けが確立している地域のワインは敬意の程度を示しやすいので重宝されます。

国際ビジネスの現場で日本人が外国人を会食接待する際に、日本ワインを使うのは良いアイデアですし、私も使ったことがあります。しかし入手可能な選択肢が限られる上、コスパの制約もあります。趣味でなく仕事で使うので予算の考慮も必要ですが、一定水準のものを出そうとすると、同品質のワイン大国のワインよりは割高になりがちです。

日本酒を接待で活用できるのは日本人のアドバンテージ

国際ビジネスや異文化交流の現場では普遍性と独自性の双方が求められます。そして、日本酒は「酒」という普遍性と「日本」という独自性の双方を兼ね備えた強力なツールです。これを接待に使えるのは日本人のアドバンテージです。

日本酒は銘柄自体にも選択肢が多い上に、飲み方や食事との合わせ方まで提供の際にもさまざまな選択肢があります。日本食に限らず外国料理と一緒に日本酒を出す選択肢もあります。言葉で説明する必要はありますが、銘柄や製品の選択を通じて敬意の表現が可能です。

会食はギブ&テイクの接待

会食は接待の一形態ですが、私は「会食」という言葉には、対等の立場、ギブ&テイクというニュアンスを感じます。

会食に誘うということは、先方の貴重な時間を自分のために割いてもらうということです。しかも、勤務時間中に職場を訪問するアポをとって会ってもらえる時間よりはるかに長い時間を割いてもらえます。誘った自分が飲食代を負担するとしても、それは「おごってやった」「貸しをつくった」と考えるべきではなく、「自分のために先方の時間を割いていただいたことに対するギブ&テイク」と考えるべきです。したがって「おごってやったのだから何か自分に有利な情報を聞けて当たり前」でも「後で自分に何らかのお礼がなされて当たり前」でもありません。ましてや相手へのゴマスリでもありません。対等な立場で堂々と日本酒を活用しましょう。

②人脈形成編～取り入りではなく信頼関係の構築

どの業界においてもビジネスは人脈造りからだと思います。人脈というと大袈裟ですし、「コネを作る」「相手に取り入る」といった悪いイメージも伴いますが、簡単に言えば、

①「知らない人から面識を得る」
②「面識のある人と知り合いになる」
③「知り合いと信頼関係を構築する」

この三ステップだと思います。でも「知らない人から面識を得る」で名刺交換しただけで人脈を造ったつもりになっている人も多い中で、「面識のある人と知り合いになる」のはそう簡単ではありません。そして最終的には「知り合いと信頼関係を構築する」が目標だと思

いますが、これは自分の意思で構築できるものではなく、自分と相手次第です。その日のうちに構築できることもあれば、決して構築できないこともあります。

人脈造りの話は大きなテーマなので、ここでは、その中でも私が重要視している②「面識のある人と知り合いになる」に絞って、日本酒が活用可能だという話をします。

日本食と日本酒で会食のアポ成約率アップ？

海外駐在時に外国人を会食に誘う際にはずいぶんと日本酒のお世話になりました。

仕事上の理由で会いたい人には、事前に面会の依頼を行って、アポが取れたら指定の日時に相手の職場を訪問して会うのが普通です。しかし、面会時間は短めに設定されていることが普通ですし、職場で会うということで先方も身構えています。同席者がいたりすると先方もなかなか腹を割った話はしてくれません。こちらの言いたいことを伝えることはできても、先方から聞けるのは事前に予測したとおりの建前だけということもあります。

かといって、外国人と会食の約束をとりつけるのは容易ではありません。先方も終業後の時間帯を拘束されるわけですし、勤務時間以外はプライベートに徹したいという人もいます。

下手に日本人の私にご馳走になって変な借りをつくって面倒な依頼をされたくないという警戒心もあるでしょう。

そういう相手に「日本酒のおいしいレストランがあるのですが今度ご一緒にいかがですか」あるいは「今月オープンした日本食レストランに行ってみたら料理も酒もおいしかったので今後ご紹介しましょうか?」と誘った方が、通常のレストランに誘うよりも気軽に声がかけられますし、心なしかアポの成約率も高かったように思います。

料理もアポも下ごしらえは必要

もちろん、外国人と言ってもフレンドリー感丸出しな人からガードの堅そうな人までさまざまですし、一度会っただけの相手をいきなり誘うのは失礼な場合もあります。初対面の際に相手が日本に行ったことがあるか否かくらいは聞くと思いますが、自己紹介の際や、話が脱線した際、あるいは帰り際などに「日本食はお好きですか?」とか「日本酒を飲んだことがありますか?」とか軽く尋ねておくのは大切です。もし相手がアルコールを飲まない人だったり、食事に制約がある人であれば、早めに承知しておく必要があります。

相手が日本食や日本酒がＯＫな人であれば、一気にその場で誘う手もありますし、もしまだ機が熟していなければ「今度機会があればご一緒しましょう」と頭出しだけしておくとか、相手が日本酒を飲んだことはなくてもワインはよく飲む人であれば「日本酒にも白ワインみたいに甘口と辛口があるんですよ。まあ、その辺はまた今度一緒に飲みに行く機会があればお話ししましょう」とネタのチラ見せをして帰るという手もあります。

一度会った際に頭出しをしておけば、次回は電話やメールでも、相手によっては秘書を介してでも、会食に誘うことは可能です。日本食や日本酒をツールに使うことで、こちらも誘う際の心理的ハードルが下がりますし、相手も誘いに応じる際の心理的ハードルが下がります。

接待もデートもテクニックは共通？

仕事相手を会食に誘うのも、プライベートで異性を食事に誘うのも、そのテクニックには共通点を感じます。どちらも建前上は一緒に食事をすることが目的ですが、本音では目的は「接待」だったり「デート」だったりします。しかし、それを正面から「接待をさせてください」

「デートしてください」と伝えてしまうと、よほど親しい間柄でなければ失敗の元です。先方も、こちらの本音は感じながらも「新しい日本食レストランを紹介することが目的」という建前があるからこそ、あえてその建前に乗って応じてくれる、という側面もあると思います。

外国人にとって「日本人に日本食を誘われて食べに行く」「日本人に日本酒を誘われて飲みに行く」というのは建前としては強力です。強力な建前を付与することにより、先方が会食の誘いを引き受ける心理的ハードルを下げることができます。

日本食と日本酒。誰に対しても使える武器ではありませんが、自国の料理と自国の酒を世界各地で外国人に対して武器として使える国は世界中でも数えるほどしかありません。日本酒について語れるようになれば、このアドバンテージを最大限に活用できます。

3 情報収集編～漏洩教唆ではなく共有能力の証明

どんな業種のビジネスでも人に会って話を聞くのは基本だと思います。自分の知らなかった話や、世間の多くの人がまだ知らない話を聞くことができれば有意義です。そのためには、自分が「聞き上手」であることが必要です。そして「聞き上手」になる上で日本酒も活用できます。

情報収集＝秘密情報の漏洩教唆ではない

ところが「話を聞く」を「情報収集」と言い換えたとたんに、何か相手が持っている秘密情報を探り出すようなイメージを持つ人もいます。癒着とか買収とか脅迫とか違法な手段で相手が秘密を漏らすよう仕向けているのかと想像を膨らませる人もいます。そういう話ではありません。

日本酒にたとえると「限定品」を買いに行く感覚でしょうか。スーパーでいつでも誰でも買える日本酒の銘柄でも、酒蔵ではスーパーには出していない数量限定の製品を造っていたりします。酒蔵の特約店でないと買えなかったり、酒蔵に行かないと買えなかったりします。この限定品が飲みたいと思った私が、最寄りの特約店がどこかを酒蔵に電話して聞き込んで買いに行ったり、あるいは酒蔵に直接買いに行くことは、私の努力の表れです。これは決して、他の人が買えないものを自分だけズルして買っているのではありません。

情報収集のための「聞き上手」になる三つのポイントと日本酒

ビジネスにおける情報収集のコツというとそれだけで一冊の本になってしまう大きなテーマになってしまいます。ここでは、その中でも私が重要視している「聞き上手になる」に絞って、三つのポイントと、それぞれについて日本酒が活用可能だという話をします。

①聞きやすく話しやすい雰囲気をつくる

場所の設定は大切です。相撲と柔道とプロレスでは試合に適した場所が異なるようなものです。「聞き手にとって聞きやすい場所」と「話し手にとって話しやすい場所」が異なる場合もあるので、大切な案件であれば双方の目線で場所を選ぶ必要があります。

アポを取って相手の職場を訪問して会うのが相手の土俵だとすると、会食の場、特に日本食と日本酒のある場所に招待するのはこちらの土俵になります。相手にアウェイ感を抱かせないように配慮する必要はありますが、酒を酌み交わしながら、こちらも聞きやすく相手も話しやすい雰囲気を自分で準備することができます。

②相手の話を聞くために自分も話す時間をつくる

ビジネスの現場では自分が一方的に話すだけという状態は良くありませんが、逆に、自分が一方的に聞くだけという状態も良くありません。自分の目的が相手の話を聞くことであっても、自分が話す時間を意識して確保する理由が二つあります。

一つは「ギブ・アンド・テイク」の観点です。相手から一方的に話を聞いてばかりだと人間関係に「借りをつくる」雰囲気が生じます。話を聞きながらこちらからも何らかのフィードバックをする、少なくとも相手の話に感想を述べたりすることによって「対等な意見交換」の雰囲気を生む必要があります。

もう一つは、自分の聞きたい話を引き出すために必要な、自分から相手へのインプットという観点です。自分が何を知っていて何を知らないのか、なぜ知りたいのか、知ってどうするのかを伝えなければ相手から的確な話を聞き出せません。誰にでも言える一般的な話でお茶を濁されることになってしまいます。

相手の話を聞くだけでなく自分が話す時間も含め十分な時間を確保する必要があります。

日中の職場での面会時間がせいぜい三十分だとしても、昼食では一時間、酒も入る夕食だと二時間は相手の時間を確保できるので、相手の話をじっくり聞くことができます。

③聞き手と話し手の信頼関係をつくる

相手の話を聞きに行くということは、非公開・未公開情報を聞きに行くのが普通です。もちろん「裏を取りに行く」つまり公開情報の真偽を確認に行く場合もありますが、一般的には公開情報を聞きに行くだけだと相手から勉強不足と思われるだけです。

その一方で、相手がすんなり非公開・未公開情報を話してくれるとは限りません。私が話をする側であれば、信頼関係のない相手にはとりあえず公開情報の範囲内で話をしてお茶を濁します。信頼関係というと抽象的ですが、私だったら以下の三点を気にします。

一つ目は、情報の共有範囲、いわゆる「あちこちで喋らないでね」という観点です。

二つ目は、情報の利用目的、いわゆる「悪意の引用をしないでね」という観点です。

三つ目は、情報源の秘匿、いわゆる「私が言ったことは内緒ね」という観点です。

このような観点から聞き手と話し手の信頼関係は重要ですが、そのためにも会食の席、特に酒の席は有意義です。互いにリラックスして話す分、本人の人柄も分かりやすく、「口が堅い人か」「誠実な人か」など、一緒に酒を飲んでいればある程度は分かります。

4 プレゼン編～押し売りではなく臨機応変な説明

営業のみならずどんな業種のビジネスにもプレゼン能力は必要だと思います。しかし日本人ビジネスマンには外国人に対するプレゼンに苦手意識を抱いている人が多いように思います。多くの人がそれを語学力の問題だと思っていますが、私は、これは、語学力というより度胸の問題だと思っています。

日本酒の説明を通じてプレゼン能力を鍛える

プレゼン能力を鍛えるには「場数を踏む」ことが重要です。しかし、国際ビジネスの現場で自己研鑽のためにプレゼンの場数を踏む余裕はありません。顧客を実験台にプレゼンの練習をするわけにもいきません。私は、本業以外の場でも、外国人に日本酒を勧める機会を積極的に設けていましたが、今にして思えば、私は積極的に外国人に対するプレゼンの場数を踏んでいたように思います。その成果は本業においても役に立っています。

日本酒の話をするのは、実際に日本酒を飲ませながらでなくても構いません。会食でワインを飲んでいる時であっても、ワインの話から日本酒の話に移ることもできますし、移動時間や会議の合間の休憩時間の雑談の際に日本酒の話をすることもできます。

本業の話でなく日本酒の話であれば、ビジネス上のプレッシャーもありませんし、話し手にも聞き手にもハードルが低い話題ですので、相手も気軽に耳を傾けてくれます。また、サケという単語の知名度のわりに詳細は知られていないので、日本人の意表を突くような質問が飛び出ることもよくありますが、これも質疑応答のよい訓練になります。本業の質疑応答は神経をすり減らすプレッシャーの下で行われる場合が多いですが、日本酒であれば質疑応答を楽しむ余裕もあります。これは授業料無料でできるプレゼン能力の自己研鑽です。

日本酒のプレゼンにおけるコツは「押し売りにならない」

漫然と日本酒の説明をするだけではプレゼン能力を鍛えることにはなりません。課題設定が必要です。ただし課題がたくさんあると現場で思い出せないので、私が日本酒について話をする際には「押し売りにならない」という一点を意識しています。

私にとって「押し売り」のイメージは「決まり文句を話す」「一方的に話す」「延々と話す」の三点です。逆に言えば、これらを避ければ自然と良いプレゼンになります。

双方向で臨機応変に対応する「聞き上手」

ある程度場数を踏めば、こまめに話を切って、質問が出たら質問に合わせて、臨機応変に話をつないでいくことも可能になります。これはいま述べた三点すべての対策になります。月並みな結論ですが、日本酒の話題においても「プレゼン上手は聞き上手」だと思います。

5 意見交換編〜異論反論ではなく対話能力の研鑽

外国人に食事の席で日本酒を勧めると、お酒談義が弾みます。私は、食事の席でなくても、意見交換の際に仕事の話から脱線して日本酒の話をすることもありますし、仕事の話の比喩あるいはケーススタディーとして日本酒の例を挙げることもあります。外国人と外国語で話をしていると、ともすれば外国人が一方的に話して日本人は相づち係になってしまいがちですが、日本酒の話をすればこちらが会話をリードできるので、そこはかとない気後れからも脱却できます。

どの業種においても意見交換の能力は必要ですが、外国人と外国語で会話を続けるだけで疲れるという人も多いと思います。仕事の話を続けると私も疲れます。外国人と外国語で意見交換する経験を積みたい日本人ビジネスマンには日本酒の活用をお勧めします。

意見交換は対話であって討論ではない

意見交換が続けば、特定の論点について議論になることもあります。ここでつい熱くなってしまう人もいますが、意見交換は対話であって討論ではありません。

対話というのはテニスにたとえるとラリー練習です。ラリーは続くと楽しいので、相手が返球できるように打ちます。相手と協力してラリーを続けるところが醍醐味です。討論というのは試合です。攻撃と防御が明確で勝敗を争います。勝つためにはラリーが続かないよう、相手が返球できないように打ちます。相手を負かすことが醍醐味です。ラリーを続ける能力がなければ試合にも勝てません。ラリー練習は大切です。同様に、ビジネスにおいても、話題は何でもよいので対話を続ける経験を積むことが大切です。

意見交換に求められるのは「間口の広さ」

外国人とのビジネスの現場で意見交換の上手な先輩を観察していると、共通して求められるのは「間口の広さ」だと思います。テニスにたとえると、守備範囲の広さと攻撃範囲の広さです。前後左右どこに球が飛んできても打ち返します。練習だと相手が取れる場所に、試合だと相手が取れない場所に、球を打ち返します。

さまざまな方向から飛んでくる球を一つのラケットで受け止めて狙った方向に打ち返すというのは、冷静に考えるとすごいですが、テニスをやっている人には必須の技法です。同様に、意見交換においても、さまざまな方向から飛んでくる言葉を受け止めて狙った方向に投げ返すというのは必須の技法です。

間口の広い意見交換ができる人は、何らかの得意分野を持っていることが多いです。間口の広い得意分野を持っていると、得意分野の話題を織り交ぜながら、意見交換をマイペースで進めていくのが楽になります。

日本酒は意見交換の能力研鑽に最適の話題

私は外国人とのビジネスの現場で日本酒を活用する際、実際に飲ませて活用するだけではなく、話題の宝庫としても活用しています。日本酒は「間口の広さ」を誇る飲料です。日本酒をきっかけに、日本の歴史の話になることもあれば、日本の地理や気候の話になることもあります。日本の年中行事の話になることもあれば、日本酒の造り方の話から日本の発酵食品の話になることもあります。相手によっては日本酒にまつわる歌謡曲の話やアニメ映画の話になることもあります。

日本酒にはどんなコメを使うのかという話から農業の話に持ち込むこともあれば、中世から営業している日本の種麹屋（日本酒の原料である麹菌を培養販売する店）は現存する世界最古のバイオテクノロジー企業かもという話から日本の科学技術や企業経営の話に持ち込むこともあります。いま飲んでいる日本酒の産地の話から観光の話に持ち込むこともあれば、終電で寝ている酔っぱらいの話から日本の治安の良さの話に持ち込むこともあります。

「酒は百薬の長」という言葉がありますが、私は「酒は百話の長」と呼んでいます。ここには、お酒で気分がリラックスして話が弾むという意味もありますし、日本酒について話をしているうちに、話題が縦横に広がるという意味もあります。「百話」というのは、日本酒を通じて「たくさんの話」ができるという意味でも「さまざまな話」ができるという意味でもあります。

日本酒をきっかけに日本のさまざまな側面に話題が弾みますので、外国人との意見交換の能力を研鑽する上でも、私は日本酒を貴重なビジネスツールとして活用しています。

第四章 あなたの真価が問われる日本酒の「武器使用三原則」

1 「飲まない人」「飲めない人」にも対等に接する

「日本酒は日本人ビジネスマンの武器である」というと「『ビジネスツール』であれば分かるが『武器』とは不穏当ではないか」と感じる方もいると思います。私も純粋にビジネスの話であれば「ツール」で済ませる方が無難だと思います。しかし、日本酒はアルコール飲料である以上、ビジネスツールとして効果的である反面、乱暴に扱えば他人を傷付けることもあれば自分を傷付けることもあります。それだけに注意して取り扱おうという自戒の意味をこめて、あえて私は「武器である」と肝に銘じています。

この章では、私が特に注意して取り扱おうと肝に銘じている三点を「武器使用三原則」として紹介します。第一点目は「飲まない人」「飲めない人」にも対等に接することです。

「飲まない人」「飲めない人」の事情を理解する

ホテルの宴会場で開催されるレセプションで、ドリンクメニューをみると、このようなパターンをよく見かけます。

「ビール、ワイン（赤・白）、ウイスキー、焼酎（芋・麦）、日本酒、オレンジジュース、ウーロン茶」

日本では「飲めない人はオレンジジュースかウーロン茶、あるいは水」というのが一般的だと思います。飲めない人に配慮しているようにはあまり感じられません。そもそも日本では「飲まない人」と「飲めない人」の違いを意識している人も少ないように思います。まずは双方の事情を整理してみたいと思います。

飲みたくなく飲まない人（宗教、信条）

イスラム教徒がお酒を飲まないのは知られています。ユダヤ教徒の中にも、アルコールは一律禁止ではないものの、ユダヤ教徒が口にしてもよいと認証された製品以外のアルコール製品は口にしない人がいます。キリスト教系の新宗教にもアルコールを飲まない人がいます。仏教でも酒は戒めの対象です。日本では神道の影響もあり比較的酒に寛容ですが、寛容さの度合いは国により異なります。

また、宗教上の理由ではなく個人的な信条としてアルコールは口にしないと決めている人もいます。

日本では「アルコールを口にしない人」イコール「飲みたいけど禁止されて我慢している可哀想な人」と思っている人もいますが、それは飲兵衛の発想です。宗教や信条で飲まない人はそもそも飲みたくなくて飲まないわけですし可哀想でもありません。

実際に「これはノンアルコールだから大丈夫ですよ」とノンアルコールビールをイスラム教徒に親切心で飲ませようとする日本人に遭遇したことがありますが、仮にアルコール度数がゼロだとしても、お酒が「けがらわしい」という理由で飲まない人の中には、酒の代用品という発想自体が「けがらわしい」と思う人もいるでしょう。

東南アジアのイスラム教徒の中には海外旅行中にビールを飲む程度は構わないという寛容な人もいますが、非常に厳格な人もいます。「ノンアルコールビールだったらみんな安心して喜んで飲むだろう」と思い込まずに、本人の選択を尊重する必要があります。

飲みたくても飲めない人（運転者、妊産婦、未成年、病気治療中）

普段は飲んでいる、あるいは将来的に飲みたいと思っている、しかし今は飲むことを禁じられている、という人は意外に多いですし、見た目からは判別できないことの方が多いです。本人が飲みたいと思っているだけに、そういう人にお酒を勧めることは失礼というより残酷です。外見上分からないので一度声をかけてしまうのは仕方ない気もしますが、事前に分かれば声をかけないよう配慮し、少なくとも声をかけて飲めない人だと分かったら「乾杯だけでも」とか「口をつける程度でも」とか少量の勧誘も避けましょう。

下戸（アルコール不耐）とアレルギー（アルコール過敏）は違う

下戸（げこ）という言葉は人により使い方が異なり「酒に弱い人」を含む場合と「酒が飲めない人」のみを指す場合があります。これは体質的なものであり、日本人の約四割はお酒に弱く、約一割はお酒を飲めないと言われています。注射の際に消毒用のアルコールで皮膚が赤くなったりします。この現象をついアルコール過敏と呼びたくなりますが、本当の「アルコール過敏」は下戸よりさらに深刻です。

アルコール過敏の人がアルコールに触れたり飲んだりすると蕁麻疹などのアレルギー症状を起こしたりします。これは下戸（アルコールをうまく分解できない「アルコール不耐」）とは別物です。分かりやすく「アルコールアレルギー」と呼ばれることが多いです。アルコールアレルギーの人にはアルコール消毒薬は使えず、ましてお酒は厳禁です。

接待やイベントではノンアルコール飲料も酒類と同じ情熱をもって手配する

外国人を会食に招待する際には事前に飲食制限の有無を確認するのが鉄則です。ちなみに慣れない日本人が外国人から招待された際にこれを好き嫌いの話かと勘違いして「肉の脂身が苦手です」とか回答するとシェフが全身全霊を込めてパサパサの肉を出してきたりするので注意してください。あくまでも宗教、信条、健康上の禁止事項に関する話です。アルコールがNGである場合もこの時点で分かります。

先ほどお話ししたように、大勢を招待するレセプションでは、ノンアルコール飲料がオレンジジュースかウーロン茶、あるいは水というのが一般的ですが、そこはかとなく「酒が飲めない人はこれでも飲んでおいてね」感が漂います。アルコールがＮＧである客もおもてなしの対象であることを考えると、もう少し工夫できないものかと思います。

ホテルの宴会場では予算や運営の都合で仕方ない場合もあるでしょうが、少なくとも自宅やレストランでの会食の際には、ノンアルコール飲料も酒類と同じ情熱をもって手配してほしいと思います。

「飲まない人」「飲めない人」に疎外感を与える「乾杯」に注意

日本酒に限らず「乾杯」には、同じものを一緒に飲むことにより参加者の結束を深めるという精神的な効用があります。それだけに、同じものを一緒に飲まない人に対して不満を感じる人の心理は想像できます。しかし、これまでお話ししたように「飲めない人」「飲まない人」に対して「口をつけるだけでも」ましてや「一口は飲め」と無理強いしてはいけません。「乾杯して口をつけるふりだけ」というのも多数派の論理です。本人が皆と同じ飲料で「乾杯して口をつけるふりだけ」を希望するのであればともかく、ノンアルコール飲料で一緒に乾杯するのが対等な接し方だと思います。

「飲めない人」「飲まない人」に疎外感を与えないよう、同じ参加者として対等に接しましょう。参加者の人数が多いとこの辺を理解していない人もいるはずなので、そこは失礼のないよう主催者がリードしましょう。主催者の真価が問われる瞬間だと思います。

2 経費に対する目的意識をもつ

プライベートで日本酒を飲む場合とは異なり、ビジネスの現場で日本酒を活用する際には「何のために経費を使って日本酒を勧めるのか」という目的意識を明確にする必要があります。

経費で飲食する責任感

仕事で会食というと「会社の経費で飲食している」という後ろめたいイメージが漂います。政府機関の場合は「国民の税金で飲食している」というさらに後ろめたいイメージが漂います。実際には日本人でも税金を納めなくてよい人はたくさんいますし外国人でも日本で税金を納めている人はたくさんいますので「国民の税金」という表現は正確ではありませんが、義務的に徴収される税金から出ている経費が無駄遣いされてはならないのは当然です。会社の経費も、義務的ではないとはいえ製品やサービスを購入した消費者や投資家の財布から出ているわけですから、無駄遣いされてはならないのは当然です。日本酒を活用する目的意識を明確にすることが、経費で飲食する責任感にもつながります。

「自分のため」ではなく「相手のため」または「仕事のため」

経費ですから「自分のため」ではなく「相手のため」に日本酒を活用するのが基本です。会食で相手が飲めない人なのに自分が飲みたいから注文するのは論外です。しかし、だからと言って常に「相手が飲みたいものを出す」わけではありません。仕事で接待をする場合は相手に対するおもてなしが重要ですが、状況によっては相手が日本酒に関心を示していなくてもこちらから積極的に日本酒を勧める場合があります。たとえば、日本酒自体の輸出促進を行っている場合や、その日本酒の産地を観光地として印象づけたい場合には良い小道具になります。相手の出身地が日本酒や日本産品の輸入制限を行っている場合には問題提起のきっかけになります。「相手のため」または「仕事のため」に日本酒を活用することは大切です。

なぜ外国の酒ではなく日本酒なのか

外国人をおもてなしする際に、その国の酒を活用することもあります。相手の国に対する敬意の示し方の一つであり、相手の国の酒を日本人の自分たちも愛飲しているのだということを身をもって示すことは歓迎されます。他方で、相手の国の酒については相手の方が詳しいので、日本人が入手した酒の銘柄の選択が微妙に場の雰囲気に合っていなかったり、保存状態が不十分だったりするリスクはあります。いわばアウェイで試合をするようなものです。しかも日本で調達する場合は現地で調達するよりも割高でしょう。

外国人に対して日本食とともに日本酒を勧めることにより、飲料でも日本を印象づけることができます。勧めながら日本酒の物語や酒蔵の物語を紹介することもできます。銘柄の選択にもこだわることができ、信頼できる調達先を選べば定価で保存状態のよいものを提供できます。いわばホームで試合を進めることができます。

日本の伝統酒である日本酒と焼酎（泡盛を含む）は国酒と呼ばれることがありますが、その中でも日本酒は日本各地で造られており海外でもサケと呼ばれて知名度が高い、日本を代表する酒です。もちろん、日本産酒類には日本酒や焼酎以外にも日本ワイン、ジャパニーズ・ウイスキー、梅酒などもあり、何らかの仕事上の理由があれば、日本酒以外も選択肢になり得ます。たとえば、会食の場所または仕事との関係でゆかりがある場所が日本ワインの産地であればワインを活用するのも選択肢です。目的意識が優先であり、目的意識なく常に日本酒を出せばよいという話ではありません。

日本酒の費用対効果を考える

ビジネスの現場で日本酒を活用する場合には、他の飲食と同様に、事前に承認されている予算ないし限度額の範囲内で選択することが一般的です。通常の予算内で銘柄を選択するのが基本であり、もし特別な理由があって特別な銘柄を選択した結果予算オーバーになれば、当然に説明責任が生じます。説明責任を果たせば事後的な増額承認が可能な職場、オーバーした分は問答無用で自己負担になる職場、そもそも自己負担オーバーも容認されず責任問題になる職場、さまざまだと思いますので事前に確認と注意が必要です。

日本酒はワインに比べて安いという人がいます。確かに世界的に有名なワインは一本何十万円もする銘柄がたくさんありますが、日本酒の場合は一本何十万円どころか何万円でも超高級品です。しかし、これは富裕層向けのハイエンドの話であり、ビジネスマンが会食で飲んだり手土産に持参したりするレベルであればワインも日本酒も選択肢に決定的な違いはありません。強いて言えば、どの国の酒も自国で飲むと安く輸出すると高くなるので、日本国内であれば日本酒の費用対効果は圧倒的に高く、日本から外国に持参する場合も重宝されますが、外国のレストランで日本酒を注文する場合には日本国内の感覚で気軽に頼むと会計時に泣きを見るので、酔う前にきちんと確認しておく必要があります。

またワインと日本酒を比較する人が多いですが、もし日本酒がなかったらビールを飲んでいたであろう会食であれば、ビールと比較すれば日本酒が割高になることも多いと思うので「なぜビールではなく日本酒なのか」という費用対効果を考える必要があります。

幸か不幸か日本酒の価格の相場観は外国人にはわかりにくいです。したがって外国人には高級そうに見えて実際においしいが比較的安価な銘柄を使うことも可能です。ただし、外国人の中には「自分がどの程度ハイエンドの製品でもてなされているのか」を評価軸にしている人もいるので、費用対効果にとらわれて必要以上に費用を安く済ませようとすると逆効果になることもあります。費用対効果は費用と効果の双方のバランスが難しく、それだけにビジネスの現場で日本酒を活用する際にはしっかり考える必要があります。

3 加害者にも被害者にもならない

日本酒は日本人ビジネスマンの武器になりますが、アルコール飲料という特性上、使い方を誤ると、相手を傷つけたり自分が傷ついたりします。武器の特性を知った上で注意して取り扱う必要があります。

加害者にならない（アルハラ、セクハラ）

酒の上での失敗は、困ったことに、アルコールで理性が麻痺した後に起こるので、自分では止められません。酔うまで飲まないに限りますが、困ったことに「酔うまで飲まない」という理性も麻痺するので止められません。

東アジアには酒に弱い体質の人が多いためか、酒の上での失敗に寛容な傾向がありますが、多くの外国人からは自制心が欠如した人間だと思われるので、酒の席のみならずビジネスにも影響を及ぼしかねません。

周囲が日本人であっても「酒を飲むと本性が出る」とか「酒が人を駄目にするのではなく駄目な人を酒が暴く」とか言われたりします。「理性が麻痺してそういうことをやらかすということはそれがこの人の真の姿なのだ」と思われてしまうと、汚名返上は容易ではありません。ましてや東アジア以外の外国人の理解を得るのは困難です。

酒の上で失敗したことがある人や、酒で記憶がなくなる人は、残念かもしれませんが、会食はもちろんビジネスがらみの席では「今夜の酒は自分が楽しむためのものではない」と割り切って、今日は飲まないと決めるか、飲むにしてもあらかじめ上限を決めてお店に伝えておくか、あるいは信頼できる同席者に止め役を依頼しておくなどの対策が必要です。

被害者にならない①（窃盗、性犯罪）

いま述べた「加害者になりかねない」人は、酒に酔って理性や記憶を失っている間に窃盗や性犯罪の被害者になりかねない人でもあります。厳に用心する必要があります。

酒で失敗したことがない人でも、酒に強いか弱いかにかかわらず、自分の適正酒量を超えて無理に飲ませようとする人がいる場合には、被害に遭う危険性と隣り合わせです。飲ませようとする人が加害者になる場合もあれば、帰宅途中に見知らぬ人から被害に遭う可能性もあります。日本国内はもちろん海外ではなおさら帰宅途中の防犯対策は重要です。自宅に帰ってドアに鍵をかけるまでが飲み会です。

被害者にならない②（情報の漏洩、窃盗、紛失）

ビジネスで仕事相手と酒を飲んでいて、酔って放置されて身ぐるみはがされる危険性は低いと思います。しかし、酔った勢いで業務上の秘密や自分や同僚のプライバシーを喋ってしまう危険性はあります。世の中には刑事や記者のように相手から話を聞き出すのが仕事の人もいますし、普通のビジネスマンにも「聞き上手」な人はたくさんいます。私だって、酒の席で相手が酔った勢いで聞かれてもいない内輪話をペラペラ喋ってくれたら「ラッキー」と思うかもしれません。それを「武士の情け」と聞かなかったことにするか、自分の胸の内にしまっておくか否か、それは相手との関係性次第でしょう。

怖いのは、飲んだ翌朝に「何を話して何を話さなかったのか自体を覚えていない」ことです。これでは情報漏洩の有無さえ分かりません。かといって相手に無断で録音するのは失礼どころか相手との信頼関係を失いますし、場所や国によっては違法かもしれません。

相手に悪意があれば、酔いつぶれていたりお手洗いに行っている間に書類や手帳を盗み見られる危険性もあります。出来心を誘発しないためにも隙は見せられません。

意識を失うほど酔わなくても、酒に酔って不注意で書類やＰＣの入ったカバンを紛失する危険性もあります。帰宅時に公共交通機関を利用する場合には特に注意が必要です。

被害者にならない③（ハニートラップ、人間関係の借り）

ハニートラップと言えば、男性が魅力的な女性に誘惑されて、深い仲になって、彼女の依頼を断れなくなって……という筋書きを妄想しますが、深い仲になる前に弱みを握られて脅される筋書きもあるでしょうし、何も身に覚えがないのに酔って目が覚めたら隣に泣いている女性と怖い男性がいるというハニーでも何でもない筋書きもあるかもしれません。女性が男性に誘惑される筋書きだってあるでしょう。

ハニートラップの例が極端だと思う人も、プライベートの飲み会で「酔いつぶれて介抱してもらった」「自宅まで送り届けてもらった」等の事例は、自分で体験したことがなくても見聞きすることはあると思います。これが「酔って他の客や通行人とトラブルになった」「酔って店の備品を壊してしまった」等の仲裁をしてもらった場合には世話になった人に頭が上がらなくなると思います。ましてや外国で酒の上のトラブルで「警察沙汰になりそうなところを仲裁してもらった」「警察に逮捕されそうになったところをもみ消してもらった」としたら……と考えていくと、「世話になる」「頭が上がらなくなる」「弱みを握られる」は程度の違いに過ぎないことが分かります。

国際ビジネスの現場では、弱みを握られることはもちろん、不用意に人間関係の借りをつくってしまうこと自体が失態だと思います。酒がからむと失態の危険性が高まります。

怖い話もしましたが、日本酒はビジネスマンの武器ですが、日本酒に限らず酒は使い方を間違えると健康上もビジネス上も危険なものであると自覚することが大切です。

コラム

東アジアで戦略的に酔いつぶれた話

酒に強いか弱いかを人種の違いだけで語ることはできませんが、特に西洋の外国人には体質的に酔っ払わない人が多いためか、酔っ払うこと自体「自己をコントロールできない、意思の弱い人間」と思われてしまうこともあります。相手にそう思われて信頼感を失ってしまっては、ビジネスマンとしては人脈作りでも仕事の上でもマイナスになります。

その反面、日本を含む東アジアでは、地域差や世代差もありますが、酔いつぶれるまで一緒に酒を飲んでこそ仲良くなれるという人間関係も存在します。東アジアには酒に弱い体質の人が多いためか、酔いつぶれることに抵抗感が少なく、酒の上での失敗に寛容な傾向があります。人間関係においても、酒に酔いつぶれるという弱みを見せることが相手に対する信頼感を示すことにもなるからでしょうか。

そういう相手と飲む際には、あえて酔いつぶれるまで一緒に飲んであげたこともあります。人脈構築の上では非常に効果的でした。もちろん、健康への悪影響が許容範囲内に収まるよう、また飲んだ後で無事に帰宅できるよう、さらには下手に借りをつくってしまわないよう、周到な準備と対策が必要であり、無邪気に酔いつぶれることはお勧めしません。

相手が酒の強弱を勝負したがるタイプの場合はやっかいです。各自が自分のペースで飲んで自分の限界量に達するのであればともかく、相手も自分も同時に同じ分量を飲むことを強制されるのは非常に危険です。

私は酒を味わうのは好きですがアルコールには強くないので、戦略的に早々にギブアップして、相手に「俺の方が酒が強い」という優越感に浸ってもらうこともあります。相手に気に入られる上では効果的です。ただし相手が「俺の方が酒が強いから人間として格が上だ」

という偏った価値観の持ち主の場合は面倒です。相手が年齢や役職などで明らかに先輩格であれば実害は生じません。そうでない場合は、相手を勘違いさせないためにも何か酒以外に自分の得意な分野での勝負に持ち込んだ方が得策です。

酒が強い人であれば、とことん勝負して友情を深める手も、相手に飲み勝って尊敬を得る選択肢もあります。しかし、酒に弱い人が仕事の飲み会で健康や人間関係を危険にさらしては元も子もありません。そういう場合は戦略的に飲めない側に回りましょう。

第二部

基礎知識編

第五章

外国人にも分かる「サケって何？」

1 答えるのが難しい三つの理由と三つの対策

外国人に日本酒を勧めようとしたら最初に聞かれるのが「日本酒って何？」という質問です。実際には「サケって何？」と聞かれると思います。最初に聞かれるこの質問が、実は私にとって答えるのが最も難しい質問でもあります。

難しい理由は三つあります。一つ目は「正しい答えが正解とは限らない」こと。二つ目が「相手によって正解は異なる」こと。三つ目が「回答時間には限りがある」ことです。

しかも、ここで答え方を外してしまうと、相手がそのまま日本酒への関心を失ってしまうかもしれないので、責任重大です。

①正しい答えが正解とは限らない

外国人から「サケって何？」と聞かれて

「米、米こうじ及び水を原料として発酵させて、こしたものです」

と法律上の定義（酒税法第三条七項イ）を答えても正解にはなりません。

あるいは、日本酒の入門書に真っ先に出てくる
「酒類には発泡性酒類・醸造酒類・蒸留酒類・混成酒類があり、日本酒は醸造酒類です」

と法律上の分類を答えても正解にはなりません。

（いまはこれらの専門用語の意味は分からなくて構いません）


これらの答えが正しいか間違いかといわれれば、確かに正しいのですが、でも、これを外国語に訳して外国人に伝えれば正解かといえば、そうではありません。外国人が知りたいのは日本の酒税法の定義ではありません。そもそも日本人だって、この説明では日本酒をイメージできないと思います。外国人であればなおさらです。外国人の求める回答を考えなければなりません。これが「日本酒って何？」という質問に答えるのが難しい一つ目の理由です。

②質問する相手によって正解は異なる

外国人が「サケって何？」と質問する際、日本酒の何を最初に知りたいでしょうか。

私が知らない外国のお酒に出会ったら、最初に「どこの国のお酒か」を知りたいです。次に「何から造られた酒か」を知りたいです。そして「いま自分はこれを飲むべきか断るべきか」を決めたいので、「強い酒か、アルコール度数がどの程度か」を知りたいです。

以上は私が尋ねてみたい関心事項であり、人により尋ねてみたい関心事項は異なると思います。「どんな味なのか」「どうやって飲むのか」「どんな料理に合うのか」を真っ先に知りたい人もいると思います。

相手の日本全般あるいは酒類全般に対する基礎知識と関心の強さによって、相手が日本酒について知りたいことも異なれば、納得する答えのレベルも異なります。軽く尋ねた人に詳細に答えても聞き流されますし、料理との相性を知りたい人に日本酒の歴史を説明しても響きません。これが「日本酒って何？」という質問に答えるのが難しい二つ目の理由です。

③回答時間には限りがある

あなたが外国人から「サケって何？」と尋ねられたとします。これが日本食レストランで一緒に着席してメニューを見ているところ、という状況であれば、相手が望めば日本酒を飲み交わしながら食事の間一時間近く日本酒の話をすることができます。しかし、移動中や休み時間に会話をしていてたまたま日本酒の話が出た状況であれば、一分程度で収める必要があるでしょう。あるいは、立食形式のレセプションのドリンクコーナーやブースの前で何を飲もうか選んでいる状況であれば、五秒で答えないと「ああ、もういいや」と立ち去られてしまうでしょう。

試験やクイズに制限時間があるように、日本酒とは何かを問われた際にも、状況に応じて暗黙の回答時間があります。どんなに正確な回答でも最後まで相手に聞いてもらえなければ回答したことになりません。たとえ説明不十分であっても与えられたタイミングに応じた回答をしなければなりません。これが「日本酒って何？」という質問に答えるのが難しい三つ目の理由です。

万人向けの正解がないから対策を工夫する余地がある

どのような外国人も納得する単一の正解はないのですから、自分なりに対策を工夫するしかありません。私は次のような三つの対策の工夫をしています。

①専門用語は使わない

日本語の専門用語があると、それを直訳して説明したつもりになってしまいます。できるだけ意識して専門用語は使わないようにしています。

②自分の定石を決める

相手の関心分野や知りたいことが推察できればそれに合わせますが、分からない場合は仕方がないので、自分なりの定石、つまりデフォルトの説明手順を決めておくと、とっさの質問にも迷いません。私は特段の参考情報がなければ「白ワインに似ていますが、日本のコメで造られているんですよ」という一言で始め、相手の反応に応じていくつかの後続パターンを用意しています。

③新聞記者が記事を書く要領で説明する

新聞記事は「見出し、リード、本文」で構成されています。最初に結論と要点を述べた上で補足説明を加えていく要領です。本文後半は紙面の編集都合で短縮されることがあるので、段落単位でカットされても違和感のないよう意識して書かれています。

日本酒の説明でも、最初の五秒で相手が興味を示してくれたら、相手の反応をみながら、自分の得意分野の範囲内で、少しずつ説明を追加していくようにしています。

② 世界の酒は二つの法則と三つのオプションからできている

冒頭でお話しした通り、人間は地球上のどこにいても、そこにあるもので酒を造る生き物です。世界の酒は地球と人間の多様性を示していますが、酒の造り方にはいくつかの共通点があります。私はこの共通点を次のような「二つの法則と三つのオプション」という形に整理して理解しています。

法則① 「糖があれば酒が造れる」

人間は、ブドウが穫れれば、ブドウ果実に含まれる糖で葡萄酒を造ります。ハチミツが採れれば、ハチミツに含まれる糖で蜂蜜酒を造ります。馬乳が採れれば、馬乳に含まれる乳糖で馬乳酒を造ります。

糖をアルコールに変えて酒にするためには、温度や湿度や衛生状態など、一定の環境が必要です。大昔であれば幸運、その後は経験、近代では技術が必要になります。しかし、それらの出発点として「糖があれば酒が造れる」というのは世界の酒に共通しています。

法則② 「糖がなくてもデンプンがあれば酒が造れる」

人間は、麦が穫れれば、麦のデンプンを糖に変え、その糖でビールを造ります。コメが穫れれば、コメのデンプンを糖に変え、その糖で紹興酒やマッコリや日本酒を造ります。

デンプンを糖に変え、さらにその糖をアルコールに変えて酒にするためには、さらに複雑な環境が必要であり、さらなる幸運、経験、技術が必要になります。しかし、それらの出発点として「デンプンがあれば酒が造れる」というのは世界の酒に共通しています。

オプション①「炭酸ガスを残すか否か」

糖があれば酒が造れますが、糖をアルコールに変える際、副産物として炭酸ガス（二酸化炭素）が造られます。この炭酸ガスは放置しておけば空気中に抜けていきますが、液体の酒から抜ける前に容器に封じ込めると、炭酸ガス入りの酒が造れます。

ブドウで造るワインには、炭酸ガス抜きのスティルワインと炭酸ガス入りのスパークリングワインがあります。麦で造るビールは炭酸ガス入りが一般的です。コメでつくる日本酒は、炭酸ガス抜きが一般的ですが、最近は炭酸ガス入りのスパークリング日本酒も増えてきました。なお炭酸ガスは後から人工的に吹き込むことも可能です。

オプション②「蒸留して強い酒にするか否か」

酒を加熱すると、水やアルコールや各種の香り成分が蒸発して気体になります。この気体を集めて冷やすと液体に戻ります。この作業を蒸留といいます。温度が上がるにつれてさまざまな成分が順を追って蒸発するので、蒸留作業を工夫すれば、アルコールを重点的に取り出せます。つまり、酒を蒸留するとアルコールが多く含まれる強い酒が造れます。麦からは麦焼酎やウイスキーなど、コメからは米焼酎など、ブドウからはブランデーなどが造れます。酒を蒸留して強い酒にするためには一定の技術が必要です。技術の発達にしたがって、より強い酒が造られるようになりました。酒飲みにとっては強い酒かどうかは大きな違いですし、保存性が高まることにより世界中に酒が普及する上で大きく貢献しました。

オプション③「風味を加えるか否か」

酒には原料由来の風味が付いていることが一般的ですが、アルコールに変えることが目的ではなく、風味を付けることを目的として、副材料を加えることがあります。酒を造る途中の段階で加えることもあれば、酒を造った後で加えることもあります。ジンは酒を造る途中の段階で薬草を加えたもの、梅酒は酒を造った後で梅の実を加えたものです。

すべての酒は二つの法則と三つのオプションの組み合わせ

地球上にはさまざまな酒がありますが、すべての酒はいま述べた法則①または法則②に、オプション①②③の有無の組み合わせ、あるいはそれらのブレンドでできています。日本酒は、法則②、つまりコメのデンプンを酒にしたものです。オプション①を行ったものがスパークリング日本酒です。オプション②を行うと米焼酎になります。オプション③を行うと、日本国内では日本酒と名乗れず「その他の醸造酒」と呼ばれたり、海外ではフレーバード・サケと呼ばれたりしています。

3 世界の酒における日本酒の立ち位置はワインの隣

日本をよく知らない外国人に日本について説明する際には、世界地図があれば便利です。世界の中にアジアがあって、アジアの中に東アジアがあって、その中で日本はここ、と説明すると、とりあえずの日本のイメージができ、日本に関する具体的な話が頭に入りやすくなります。もし相手が世界地図を見慣れていない人であれば、まず、相手の国がどこかから始めます。そして、相手の国からいったんズームアウトして世界全体を見て、それから日本にズームインしていくイメージです。

世界の中の日本、世界の酒の中の日本の酒

酒についても同様です。日本酒のことを知らない外国人に日本酒について説明する際には、世界の酒にはどのようなものがあるかを概観した上で、日本酒はどこに位置づけられるかを説明すると、とりあえずの日本酒のイメージができ、日本酒に関する具体的な話が頭に入りやすくなります。もし相手が世界の酒に詳しくない人であれば、まず、相手の国でよく飲まれている酒の話をします。その酒が世界の酒の中でどこに分類されているかを説明してから、それから日本酒がどこに分類されているかを説明します。

国際空港は「世界の酒」の縮図

海外に行ったことがある人は、空港の免税店で世界各地の酒を売っているのを見たことがあると思います。免税店に近づくとさまざまな酒のボトルが目に入ってきます。看板は読んだことがないという人も多いと思いますが、看板を読むと世界の酒が一般的にどう分類されているかが分かります。

酒を売っている免税店の看板には英語で「リカー」と書いていることが多いです。学校でこの単語を習ったことのない人でも、店の雰囲気から「リカー」が「酒」という意味だと想像できます。日本国内にも「リカーショップ」という名前のついた酒屋があるので、自然に知っている人も多いと思います。

世界の酒は「ワイン」と「スピリッツ」の二分類

酒だけを売っている免税店であれば、看板には英語で「リカー」と書いてあることもありますが、「ワイン&スピリッツ」と書いてあることもあります。「ワイン」はともかく「スピリッツ」という言葉は聞き慣れないという人もいると思いますが、それでも、周囲の状況から判断して、「ワイン」と「スピリッツ」が別のジャンルの酒なんだということは分かります。

店内を観察すると、「ワイン」の売り場には世界各地の赤ワインや白ワイン、その他珍しい種類のワインがいろいろあります。「スピリッツ」の売り場には、ウイスキーやブランデーやウォッカなどさまざまな名前の強い酒が売られています。世界の強いお酒の大半は「スピリッツ」でひとくくりにされていることが分かります。少なくとも国際空港の免税店では、世界の酒は「ワイン」と「スピリッツ」の二つに分類されています。

世界の酒は「ビール」も含めると三分類

国際空港で外国に入国する際には税関を通ります。検査が厳重な国も簡単な国もありますが、お酒を何本まで免税で持ち込めるのか、もし免税枠を超過したらいくら課税されるのか、あるいは没収されるのか、気になる人も多いと思います。

国によって基準は異なります。日本に入国する場合、酒類であれば品目を問わず三本までが免税（一本は七六〇ミリリットルで換算）ですが、シンガポールに入国した際には「スピリッツ」「ワイン」「ビール」の三分類で免税枠のルールが決まっていました。ビールも含めると、世界の全ての酒は「スピリッツ」「ワイン」「ビール」のどれかに分類されます。

日本酒は「ワイン」の仲間、焼酎は「スピリッツ」の仲間

では、看板に「ワイン&スピリッツ」と書いてある免税店で日本酒が売られるとしたら、どちらの売り場でしょうか。……そう、「ワイン」売り場です。焼酎（泡盛を含む）が売ら

れるとしたら「スピリッツ」売り場になります。実際には日本の空港の免税店には日本産酒類の専用コーナーがあることが多いですが、世界的な基準で言えば、日本酒は「ワイン」の仲間、焼酎は「スピリッツ」の仲間です。

「スピリッツ」売り場にはウイスキーやブランデーやウォッカなどさまざまな名前の強い酒が売られているので、焼酎が「スピリッツ」売り場で売られているのは分かります。でも日本酒が「ワイン」売り場で売られているのは、日本人としてはどうも釈然としません。「スピリッツ」売り場で売られているよりはよいですが。

「ワイン」には二つの意味がある

私たちが日常生活でワインという場合は葡萄酒（ブドウで造られた酒）を意味します。しかし、リンゴで造られた酒は「シードル」という独自の名前で呼ばれることもありますが「アップルワイン」と呼ばれることもあります。コメで造られた日本酒も「サケ」という独自の名前で呼ばれることもありますが「ライスワイン」と呼ばれることもあります。つまり「ワイン」という単語には、原料をブドウに限定する狭い意味と、原料をブドウに限定しない広い意味の、二つの意味があります。

世界の全ての酒を「スピリッツ」「ワイン」「ビール」のどれかに分類する場合の「ワイン」は広い意味です。広い意味の「ワイン」にはリンゴで造られたシードルもコメで造られた日本酒もブドウで造られた葡萄酒も含まれます。その中で葡萄酒が世界的にも最古にして最大勢力なので、その存在感の大きさから、日常生活で単にワインと言えば断りのない限り葡萄酒を意味します。葡萄酒は狭い意味のワインですが広い意味の「ワイン」の代名詞になっています。

「ワイン」の仲間の二番手は日本酒?

ここで少々アイドルめいた話になります。世界の酒が集まって「スピリッツ組」「ワイン組」「ビール組」の三つのグループに分かれた際に、「ワイン組」のセンターにいるのは、狭い意味のワインである葡萄酒で決まりだと思いますが、では、その隣のポジションにいるのは、どの酒でしょうか?

私のイメージでは、片方の隣はシードルです。フルーツワインの筆頭格です。もう片方の隣を、穀物原料の酒の中で、日本酒と紹興酒が競っています。紹興酒もすでに多くの国に広まっていますが、最近は日本酒が目立っているようです。

紹興酒は英語では「シャオジン・ライスワイン」あるいは紹興エリア以外で造られた製品を含め「チャイニーズ・ライスワイン」と呼ばれていますが、日本酒は「サケ」という独自のシンプルな名前で呼ばれているのが強みです。知名度アップに貢献しますしプロモーションの際にも有利です。これは決して紹興酒より日本酒が優秀だと言っているのではなく、アイドルで言えばキャッチーな芸名を与えられて恵まれているという意味です。

「日本酒はワインの仲間」と言うと憤慨する日本人

外国人に日本酒の説明をする際に「日本酒はワインの仲間ですがブドウではなくコメから造られます」と言うと、外国人には伝わりやすいのですが、逆に、日本人の中に「日本酒とワインは全然違うのにワインの仲間だとは態度が卑屈だ！」と憤慨する人がいるようなので気を遣います。下手をすると「西洋かぶれ」と叱られかねません。

確かに日本酒とワインには異なる点がたくさんあります。しかし、世界の酒を見渡せば、日本酒はワインのほぼ隣にいます。そして、それは世界の酒の中でも非常に恵まれているポジションなのです。これを活用しない手はありません。

おそらく、日本酒とワインを比較すること自体に抵抗感や反感を感じる日本人の気持ちには「日本酒とワインは似ている点より違う点が多いのに、似ている点を強調するのはワインに迎合しているようでけしからん」という気持ちもあるのでしょう。そして、それ以上に「日本酒は日本酒として、ワインに頼らずに日本が誇る独自の飲み物として堂々と説明すればいいのに、なぜワインにたとえながら説明しようとするのか、それは西洋人に対する日本人の卑屈さの現れではないか、けしからん」という気持ちがあるのでしょう。

私は、このような考えにも共感を抱きます。そして、その上でなお、相手がワインに親しんでいる人であれば、ワインと比較しながら日本酒の説明をした方が短時間で理解をされやすいし、日本酒の素晴らしさについても短時間で理解をされやすいと考えています。これは決して西洋かぶれでも卑屈でもありません。

世界の酒との比較で日本酒を認識する

海外旅行をした人や、海外留学・海外駐在をした人の中には「外国に行ってみて初めて日本について真剣に考えるようになった」とか「外国で暮らしてみて初めて日本の好きなところや嫌いなところを自覚した」という人が多くいます。なにごとも、比較する対象がなければ理解を深めることが困難です。

昔のことわざに「井の中の蛙大海を知らず」というのがありますが、これは単に「蛙は大海を知らない」と蛙を馬鹿にすることわざではありません。これは「井戸の外に出てみないと大海の素晴らしさは分からないよ、それを知らないままなのはもったいないよ」という意味もあるでしょうし、それ以上に「井戸の外に出てみないと、井戸の素晴らしさも、自分が蛙であることの素晴らしさも分からないよ、それを知らないままなのはもったいないよ」という意味もあるのだと私は理解しています。

外国人に日本酒を説明するためには、日本酒に対する知識と理解も必要ですが、ワインをはじめ世界の酒に対する知識と理解も大いに役に立ちます。そういう意味でも、日本人、外国人を問わず、ワインに詳しい人に日本酒のことを知ってもらうのは鬼に金棒だと思います。

コラム

日本酒をウォッカと間違われそうになった話

ヨーロッパ各国の人を招いたレセプションで日本酒ブースの担当をしたことがあります。もちろん私だけでなく多くの人たちがレセプションの準備に携わっていて、私は日本酒ブースで提供する数種類の日本酒の説明資料や、蔵元および周辺地域について紹介する資料の準備に専念していました。

本番前日の最終打ち合わせの際、会場担当者から、ホテル側の準備も万端であるとして、十分な人数のバトラーと十分な個数のショットグラスを手配済みであるとの報告がありました。それを聞いて私は「しまった!」と思いました。

「ご、ごめんなさい!そのショットグラス、やめてください!」

私は会場担当者に何を伝え忘れていたのでしょうか?

ヨーロッパではアルコール飲料のボトルやグラスの形にこだわりが強い人が多いです。ワインに詳しい人なら、ボルドー地方のワインとブルゴーニュ地方のワインとモーゼル地方のワインは、ラベルを隠してもボトルを見ただけで産地を見分けて、味の予想までできるでしょう。グラスも赤ワイン、白ワイン、スパークリングワイン、ウイスキー、ブランデー、それぞれ形が違います。ビールに詳しい人なら、ベルギービールのメーカーの多くが「うちのビールはこのグラスで飲むのがうまい」という公式グラスを作っているのをご存じだと思います。

ヨーロッパの人がショットグラスに入った透明な液体をみた場合、多くの人はウォッカを連想します。アルコール度は四〇%近く、酒に強い人がクイッと飲んでカーッと熱い息を吐くようなイメージを抱きます。あるいは、私のような東洋人がこれを勧める場合、中国の白酒（茅台酒。アルコール度五〇%以上）を連想する人がいるかもしれません。いずれにせよ、レセプション会場で会話を楽しみながらグラスを傾けるイメージのお酒ではありません。お酒に弱い人はもちろん、いわゆるオシャレな人や上流階級の人はかなりの割合で敬遠するでしょう。

日本酒を知らない人が多い会場では、まず手にとって試飲してもらうことが目標です。ゼロを一にするためには少しでもハードルを下げることが肝要です。グラスの形という、ヨーロッパの人にとっては共通言語となっている視覚情報も第一印象として重要です。

これが着席の会食であれば、時間を割いてじっくり日本酒の説明をすることもできます。しかし、立食のレセプション会場で、ショットグラスに透明な液体を入れて並べた場合、好奇心のある客は「これは何ですか?」と尋ねてくれるかもしれませんが、尋ねもせず立ち止まらずに通り過ぎてしまう人が多いでしょう。こちらから手にとって勧めようにも、こちらが言葉を発する前に「いや、そういうのは結構」と手を振って逃げてしまう人もいるでしょう。結局そのときは、会場担当者を拝み倒して急遽再調整を行い、小ぶりの白ワイングラスを揃えていただいて、当日は成功裏に日本酒の提供と説明を行うことができました。

外国人といってもさまざまです。日本酒のことを全く知らない人もいれば、普通の日本人以上に詳しい人もいます。外国人だったら全員がワインやウイスキーに詳しいわけではなく、自国に特有のお酒しか飲まない人もいれば、ワインやウイスキーは毎日飲むけど知識はほとんどないという人もいます。相手の日本酒やお酒に対する先入観が分かっていれば、それに応じた説明の順番を考えることが大切です。相手が中国人だったらいきなり黄酒（紹興酒）との違いから始める手もありますし、相手が韓国人だったら韓国清酒やマッコリとの違いから始める手もあります。

相手がヨーロッパの人でも、日本文化に関心と理解のある人たちの集まりであれば、調達可能であれば陶器のお猪口や杉の枡で、あるいは最近は西洋のショットグラスではなく日本酒用にデザインされたグラスもあるので、そのような日本の酒器で日本酒を提供することを考えます。

それらが入手困難であれば、私はまず、相手が日本酒が世界のお酒の中でワインの仲間であることを知っているか、ウォッカなどのスピリッツと誤解していないかを気にします。誤解していたら説明します。その上で、ワインと日本酒の違いについて説明します。私が語らなくても、小ぶりの白ワイン用グラスで出せば前半部分はグラスが語ってくれます。

4 外国人がいつも飲んでいる酒と日本酒はここが違う

日本酒に初めて接する外国人の場合、お酒が飲める人であれば、すでにさまざまなお酒を飲んだことがあるでしょう。日本酒に対して予備知識ゼロでも、お酒に対しては何らかの予備知識があり、その予備知識を手がかりに、この酒は自分の口に合いそうか合わなさそうかを考えることでしょう。

外国人がそのような目線で日本酒を見ている場合、その目線を考慮せずに「日本酒とは」と全くの白紙から説明をしても効率的ではありません。特に説明に割ける時間が十分でないときには、相手の予備知識を利用しながら、つまり外国人がすでに知っているお酒との比較で説明する方が効率的です。

ここでは、外国人が親しんでいる代表的な酒と日本酒の違いを簡単に説明します。あくまでも、外国人に対して日本人が日本酒を説明するために必要な範囲の豆知識であり、外国の酒類とその魅力を詳しく知りたい方は個別に検索してください。

日本酒とワイン

ワインはブドウの実で造りますが、果物ですから傷みが早く、収穫したらすぐ加工する必要があるので、ワイナリーはブドウ畑の近くにあることが多いです。その結果、土地とブドウとワインの関係性が「テロワール」として強く意識されます。ワインの等級も、産地指定の範囲が狭いほど高く評価される傾向にあります。またワインの品種による風味の違いがワインの風味の違いに大きく影響します。

日本酒はアミノ酸の旨味の印象が強く、旨味を重視する和食に合うと言われます。ワインにもアミノ酸は含まれていますが、白ワインは酸味、赤ワインは渋味の印象が強く、脂味の多い西洋料理に合うと言われます。

日本酒はコメのデンプンを糖に変え、糖をアルコールに変えるという二つの変化がタンクの中で同時進行するので、双方がバランスよく進む温度管理が重要です。そのため、冷蔵装置のない昔は、高品質の日本酒は、夏に造ることや、冬にも温暖な南九州で造ることは困難でした。ワインの場合は、収穫後すぐに造る必要があり、また高品質なワインをブドウ産地から遠隔地で造ることは困難でした。

日本酒とウォッカ

ウォッカは、旧ソ連から北欧にかけての地域で造る強い酒です。原料は大麦、小麦、ライ麦、ジャガイモなどさまざまですが、何度も濾過と蒸留を繰り返すので原料の風味はほとんどありません。日本では「白樺の炭で濾過する」ことが有名ですが、私には炭の種類による風味の違いは感じられず、日本のいわゆる甲類焼酎とほぼ同じに感じます。メーカーによっては隠し味程度の風味を付けた製品や原料の香りを残した製品もあります。

ウォッカに親しんでいる外国人は透明な酒を見るとまずウォッカを連想するので、私は日本酒を説明する際にまずワインの仲間であることから始めますが、もしワインを介在させないのであれば「サケよりウォッカの方が三倍くらい強い。サケはコメの旨味や甘味があるので、酔って楽しむならウォッカ、味わって楽しむならサケ」と説明します。

日本酒と黄酒（紹興酒）

中国でもち米などで造られる酒を黄酒（ホワンチュウ）といい、熟成させたものを老酒（ラオチュウ）といいます。紹興エリアで特定の製法で造った黄酒のみが紹興酒（シャオジンチュウ）と名乗れます。

日本酒と紹興酒は、デンプンを糖に変え糖をアルコールに変える微生物の種類や培養方法をはじめ、製造方法の全般にわたって大きな違いがあります。その中でも紹興酒は「もち米で造る」「もち米をあまり磨かず造るのでアミノ酸など味成分が多い」「味成分が多いものを熟成させるので日本酒の熟成酒よりも色が濃く風味も強い」という箇所が日本人にも外国人にも分かりやすい違いです。

日本酒と白酒（茅台酒）

中国で高粱（コーリャン）などで蒸留して造る強い酒を白酒（パイチュウ）といい、茅台エリアで造られる茅台酒（西洋ではマオタイと呼ばれる）が有名です。日本酒とは共通点を感じませんが、単に東洋のアルコール飲料という意味で「チャイニーズ・サケ」と呼ぶ外国人がいるので「ワインとウォッカくらい違う飲み物だ」と説明する必要があります。

日本酒と韓国清酒

伝統的な韓国の清酒と日本の清酒は、デンプンを糖に変え糖をアルコールに変える微生物の種類や培養方法に大きな違いがあります。しかし、現在韓国で普及している韓国清酒には近代化の過程で日本の清酒の造り方の影響を大きく受けている製品も多く、これを誤解なく失礼なく短時間で説明するのは容易ではありません。

韓国には薬酒というカテゴリーのお酒があります。清酒にハーブや生薬を加えたもので、日本ではリキュール扱いですが、韓国では副原料入りの清酒と認識している人が多いです。したがって「日本の清酒はコメ以外の副原料に厳格だが、韓国の清酒は副原料の自由度が高く、ハーブや生薬を加えたものが薬酒として親しまれている」と説明すると十分に盛り上がると思います。

日本酒（にごり酒）とマッコリ

マッコリは本来はコメで造っていましたが、朝鮮戦争後のコメ不足の時期にコメで酒を造ることが禁止になり、小麦で造られるようになりました。その後コメ使用は解禁されましたが、当時の名残もあり、コメマッコリ、小麦マッコリ、コメと小麦の双方を使ったマッコリがあります。

マッコリは日本酒（にごり酒）よりも副原料の自由度が高く、栗や黒豆、あるいは果物系のフレーバー入り製品が多彩です。

日本酒とソジュ（韓国焼酎）

韓国人で日本酒とソジュを混同する人はいないと思いますが、ソジュを知っている西洋人で日本酒と混同する人がいるので、何度か説明の必要に迫られたことがあります。西洋人相手であれば「ソジュはむしろウォッカに甘味料を加えて水でアルコール度数を下げたものに近い」と簡単に説明して日本酒の話と切り分けた方が分かりやすいように思います。

コラム

世界の酒を擬人化すると日本酒は高校生?

いろいろなお酒を一緒に飲んでいると悪酔いすると言われます。一説には、各種成分の化学反応といった難しい話ではなく、自分が全体でどの程度アルコールを摂取しているかが分からなくなり、ついつい飲み過ぎてしまっているのだそうです。

いろいろなお酒のアルコール度数を知っていて飲む人は意外に少ないです。外国人に尋ねても、強い酒、弱い酒という理解はしていても、数字で言える人は意外に少ないです。私は、数字で覚えると忘れてしまうかもしれないので、イメージで覚えるようにしています。アルコール度の一%を人間の一歳にたとえて擬人化するイメージです。年齢が高くなるほど強い酒になります。

日本の酒税法では一%未満は対象外です。一歳未満は赤ちゃんですね。

ビールは四～六%が普通です。日本で四～六歳と言えば幼稚園児ですね。でもベルギーでは十歳児が交じっていたりするので喧嘩する時にはよく相手を見ましょう。

缶入りの酎ハイは、ビールと同じ感覚で接している人が多いと思いますが、実は四歳児から十歳児までいろんな子がいます。小学校に入学すると一気に年上から年下まで遊び相手が増えるようなものです。相手の学年を意識して遊ばないと思わぬ怪我をするかも。

ワインは、まだ小学生の甘口の子もいますが、大半が十二歳から十四歳の中学生です。

日本酒は、十五〜十六歳が大半ですが、十八歳以上も結構いるので、高校生、高専生です。他方で最近はワインを意識して低年齢化の傾向もあるのは中高一貫ブームでしょうか。

焼酎は社会人若手です。地域によっては二十歳で活躍している人も多いですが、全国的には二十五歳が主流です。三十を超えたら梅酒などに転職する人もいますね。

ウイスキーやブランデーは四十代の上司。五十代以上の役員は日常生活ではめったにお目にかかりません。

日本酒を外国人に紹介する際に強さを「ワインと同じくらい」というと「中学生と高校生は違うじゃないか」と思われるかもしれません。しかし外国人は往々にしてウォッカのような「大人の酒」と混同しがちなので、私は、どちらも大人ではなく十代の若者だというイメージを頭の中に描きながら説明しています。もちろん、お酒を人間が飲むのは二十歳から。

5 日本人も間違える「日本酒」と「清酒」と「サケ」の違い

「日本酒というお酒は海外ではサケと呼ばれています」

多くの日本人はこの文を読んでも違和感を感じないと思いますが、しかし、これを外国語に訳しなさいと言われたら戸惑う人も多いと思います。

日本酒のことを英語では「サケ」と言います。韓国語でも最近はハングルで「サケ」と読み書きします。中国語では「清酒」または「日本清酒」と言います。

外国人に日本酒の説明をする前に、まず日本語の「酒」「清酒」「日本酒」「サケ」の違いを確認しておきましょう。

「酒」は「アルコール飲料」だがその代表例は日本酒だったり焼酎だったりする

私の故郷の北九州市内でラーメン屋のメニューに「ビール」と並んで「酒」と書いてあったら日本酒ですが、鹿児島市内のラーメン屋で「酒」を頼んだら芋焼酎のお湯割りが出てきました。さすが鹿児島、アルコール飲料のデフォルトは芋焼酎。

「清酒」は「濁酒」との対比で使われる

大昔は「酒」と言えば米を発酵させた粥状のものでしたが、それを濾して澄んだ液体を飲むようになると、前者を「濁酒」、後者を「清酒」と呼び分けるようになりました。

「清酒」は「洋酒」との対比で「日本酒」とも呼ばれるようになる

明治時代に西洋のさまざまな酒が輸入されるようになると、これらを総称して「洋酒」と呼ぶようになり、洋酒に対して従来の清酒を「日本酒」と呼び分けるようになりました。この時点では「日本酒」は「清酒」と同じ意味です。酒税法では「清酒」が正式名称です。

「日本酒」は「日本産清酒」の意味に限定して使われるようになる

近年、海外各地で清酒が造られるようになり、海外の米で日本の酒蔵が清酒を造る例もでてきました。そこで「日本酒」の意味を明確化することとなり、二〇一五年、日本産の米を使い日本国内で造った清酒のみを「日本酒」と表示するというルールができました。

これは製品表示のルールなので、たとえば「イギリスに日本酒の酒蔵が造られました」というニュースを報じたメディアが処罰されるわけではありませんが、用語の使い方としては不正確ということになります。

「サケ」は外国人が「清酒」の意味で使うが「東洋の酒」と混同する人もいる

近年、世界各地に日本酒が輸出されて「サケ」と呼ばれるようになりました。わざわざ「ジャパニーズ・サケ」と呼ばれることは少なく単に「サケ」と呼ばれています。したがって「サケ」は「清酒」と理解すれば混乱は生じません。米国産の清酒が韓国に輸出されて韓国の居酒屋で飲まれていますが、韓国人はこれを「サケ」と呼んでいるので問題はなく、むしろ日本人駐在員がこれを「日本酒」と呼んでいるのが不正確という不思議な状況になっています。

ただし、日本酒が普及する以前に中国の白酒や韓国の焼酎がサケと称して売られていたこともあります。日本のプレゼンスの少ない国・地域ではまだ「東洋の酒」という意味で「サケ」という単語を使っている人もいるようなので注意が必要です。

「ライスワイン」は外国人が日本酒以外にもさまざまな意味で使うので要注意

なお「日本酒はワインに似ていますがコメからできています」という文脈で「ライスワイン」と表現することは決して間違いではありません。この場合の「ワイン」はブドウに限定されない広い意味のワインという意味です。ただし「コメを原料とするワイン」という意味では紹興酒も米マッコリもライスワインですし、みりんもライスワインと呼ばれることがあるので、これらと混同されないように注意が必要です。

第六章

外国人にも分かる「コメがサケになるまで」

はじめに 日本酒造りを「起承転結」で理解する

私は外国人に日本酒の製造工程の説明をする際には、単純化して「起承転結」の四つのステップに分けて説明しています。料理で言えば「材料の買い物、下ごしらえ、調理、盛り付け」です。この四つのステップには、それぞれ四つの作業があるので、計十六の作業になります。入門書に出てくる酒造工程図よりスッキリしていると思います。

日本酒造りを理解すれば外国人に対して無敵

日本酒のラベルに書かれているさまざまな専門用語は、四つのステップのどこかに関係することだわり文句です。日本酒造りを単純化して理解しておけば、将来専門用語に接した際に「ああ、あの話ね」と合点がいきます。日本酒の話で会話をリードすることができ、外国人からも一目置かれます。

1 「起」〜日本酒の原料を選ぶ

①水を選ぶ

日本酒の約八十%は水です。約十五%がアルコール、約五%がコメのエキス分です。このわずか五%が大切なのですが、まずは八十%を占める水の話です。

水に含まれるミネラル分が日本酒の風味を左右する

日本の水はミネラル分が少ない軟水ですが、地域によって成分の内訳が異なります。水の味がそのまま酒の味の一部になるという側面もありますが、ミネラル分の一部が麹や酵母の栄養になり、麹や酵母の働きに、ひいては日本酒の風味に影響を及ぼします。

「灘の男酒、伏見の女酒」の違いは水の違い

現代では「男性的、女性的」という表現に違和感を感じる人もいると思いますが、昔の言

葉で、灘（兵庫県）の酒は力強い風味の男性的な酒、伏見（京都府）の酒は柔和な風味の女性的な酒と言われました。灘の井戸水にはミネラル分が比較的多いことが一因です。

酒蔵の立地に重要な「水」

酒蔵では、日本酒の一部となる水以外にも、米を洗ったり、蒸気を作って米を蒸したり、道具を洗ったりと、あらゆる場面で水が使われます。日本酒造りには良質な水が大量に必要であり、これが酒蔵の立地を左右します。「良い水を求めてこの地に蔵を移転した」という酒蔵の話や、「裏山の湧き水からは離れられない」と不便な山奥で酒造りを続ける酒蔵の話もよく聞きます。

②米を選ぶ

日本人が主食として食べる米は「飯米（はんまい）」、酒蔵で日本酒造りに使う米を「酒米（さかまい）」といいます。飯米は「コシヒカリ」や「ひとめぼれ」などが有名で、酒米は「山田錦」や「五百万石」などが有名です。いずれも品種改良による違いであり、タイ米などの長粒米やもち米との違いのような大胆な違いはありません。コシヒカリでも日本酒は造られますし、山田錦を炊飯器で炊けば普通に食べられます。

酒米は育てるのが難しく値段も高い

酒米に適した品種は、稲穂の背が高く粒が大きいものが多く、台風の被害で倒れやすいという弱点があります。また収穫量も飯米より少なく、農家にとっては扱いにくいそうです。近年は酒蔵が農家と直接契約して栽培してもらう例も増えています。また、蔵元や蔵人が酒米の栽培に直接携わっている例もあります。

良い酒米は酒蔵が目指す風味の日本酒が造りやすい

有名な品種や産地の酒米を使えば自動的においしい酒が造れるわけではありません。私は外国人に酒米の話をする際、「良い酒米は自動的に目的地に連れて行ってくれる自動運転車ではなく、運転手の操作した通りにレスポンス良く走ってくれるスポーツカーだ」と説明することがあります。

酒蔵および消費者が愛着を感じるかも大切

日本酒は「飲んでおいしいか」も大切ですが「愛着を感じるか」も大切です。酒蔵にとっても、自社栽培米や契約栽培米はもちろん、地元産米、あるいは地元独自の品種の米には愛着があると思いますし、消費者にも「地元の品種」や「その酒米にこだわる酒蔵の物語」に愛着を感じる人は多いです。

③麹を選ぶ

麹は和食文化を支える微生物です。和食文化の一部である日本酒を造る上でも麹は不可欠です。

「麹菌」と「コウジカビ」は同じもの

「麹菌（こうじきん）」と「コウジカビ」は同じ微生物の呼び方の違いです。カビやキノコや酵母を総称して菌類といいますが、この微生物は菌類の一つなので「麹菌」ともいい、カビの一つなので「コウジカビ」ともいいます。飲食の話をする際に「菌」や「カビ」という単語を使うことに抵抗を感じる人も多いので、単に「麹」と呼ぶ場合もあります。

酒造りの際には蒸した米に麹菌を繁殖させた「米麹」をタンクに入れます。

麹にはさまざまな種類がある

麹には、日本酒用、焼酎用、味噌用、醤油用、鰹節用などさまざまな種類があります。日本酒用や焼酎用の麹はデンプンの分解が得意、味噌や醤油用の麹はタンパク質の分解が得意、鰹節用の麹は脂質の分解が得意など、用途により得意分野が異なる麹菌を使います。

日本酒用の麹の細かい品種までは普通はラベルに表示されません。酒蔵は、全国に数社しかない種麹屋（麹菌の胞子を培養販売する専門業者）から麹を選んでいます。最近は新たな風味を求めて焼酎用の麹を日本酒造りに使う酒蔵もあり、その場合はラベルに表示していることが多いです。

④酵母を選ぶ

酵母は世界各地に存在する微生物です。糖を分解してアルコールと炭酸ガスを作る酵母は古代から人間に利用されています。ワインやビール造りには酵母の作るアルコールが不可欠ですし、パン生地を膨らませて柔らかいパンを作るには酵母の作る炭酸ガスが不可欠です。

「酵母」と「酵母菌」と「イースト」は同じもの

酵母も酵母菌も同じ微生物の呼び方の違いです。酵母も菌類の一つなので「酵母菌」ともいいますが、「菌」という単語を避けて「酵母」と呼ぶ場合が多いです。英語ではイーストです。

酵母にはさまざまな種類と用途がある

酵母にも、日本酒用、焼酎用、ビール用、ワイン用、パン用などさまざまな種類があります。酵母は糖を分解するだけではなく、原料に含まれる他のさまざまな成分も分解します。その結果、さまざまな風味成分を生み出します。人間は、用途により性質の適した酵母を使います。

自然界にいる酵母、酒蔵に棲み着いている酵母

酒蔵では毎年酒を造るので大量に酵母が増殖します。その一部は空気中を漂って天井や壁や酒造りの道具に付着しています。明治以前の酒蔵では、酵母は人の手でタンクに入れるものではなく、空気中を漂う酵母がタンクの中に舞い降りたり、麹米や道具を介してタンク内に入り込み、自然に発酵が始まるのを待つという神頼み的な作業でした。酒蔵の中には神棚がつきものです。酵母の存在や役割が明らかになってからは、蔵の中の酵母を自社培養して酒造りに使っている酒蔵もあります。

日本酒用の酵母を購入する選択肢の多様化

明治時代に酵母の存在が知られるようになると、醸造協会が全国の優れた酒蔵から酵母を採取し純粋培養して全国の酒蔵に販売するようになりました。現在の知的所有権の感覚からは違和感がありますが、全国の酒造水準の向上に貢献し、当時の国家財政にも貢献しました。

さらに、大学の醸造学科、都道府県の醸造研究所、大手の酒蔵の研究所などでも、新たな酵

母の分離培養や品種改良が盛んに行われるようになりました。酒蔵にとっても使用する酵母の選択肢が増え、目指す酒質に適した酵母を選択できるようになりました。

②「承」〜日本酒の原料を準備する

①水の準備（水質を調整する）

日本酒造りには良質な水が大量に必要ですが、酒蔵周辺の開発で地下水の水質が悪化することもあります。そのような場合、地下水を改善して使うにせよ、水道水を利用するにせよ、外部の水を運んでくるにせよ、何らかの水質の調整が必要になります。

また被災した酒蔵が水質の異なる場所に移転せざるを得ない場合もあります。その場合、従来の酒質を維持するために、新たな場所の水質を調整して元の場所の水質に近づけることがあります。

ミネラル分の過不足は酒蔵で調整できる

近年は浄水技術も進歩しており、過剰な成分を除去したり、足りない成分を足すこともできます。異なる場所に複数の井戸を持って異なる水質を使い分けている酒蔵もあれば、異なる水質の水をブレンドすることで水質を調整する酒蔵もあります。

地元の水道水が酒造りにも適した水質であればそのまま使う酒蔵もあります。井戸水と水道水をブレンドすることも可能です。

②米の準備（蒸し米を造る）

酒蔵の精米機は大きな倉庫の中に置かれた巨大な機械です。自前の精米機を持たず、精米作業を専門業者に委託したり、精米済みの白米の状態で購入する酒蔵も多いです。

米を磨く（精米）

米の準備は精米から始まります。収穫して籾殻を取り除いた状態の玄米は表面が茶色です。

この玄米を最終的に蒸し米の状態にしてタンクに入れるまでが米の準備過程です。米の中心部に多く含まれるデンプンは発酵してアルコールになります。その間、米の表面に多く含まれているタンパク質などは、アミノ酸ほかさまざまな風味成分になります。アミノ酸は旨味の元でもありますが、多すぎると雑味に感じられます。酒蔵では、玄米の表面を磨き落として白米にします。この作業を精米といいます。

玄米の重さを百%とすると、飯米は表面を少し磨いて九十%ほどを食用に使います。一般的な日本酒は七十%くらいまで磨いた米を使います。この数字はラベルに「精米歩合」と表示されており、米を磨けば磨くほどこの数字が小さくなります。さらに磨いて六十%より小さい米を使った日本酒は「吟醸酒」、五十%より小さい米を使った日本酒は「大吟醸酒」と名乗ることがあります。

この数字を「高い、低い」で表現すると混乱します。私が外国人に説明する際には常に「大きい、小さい」で表現します。数字が小さいと米粒も小さいので間違えません。

米を洗って水を吸わせる

飯米も酒米も、表面を洗って微細な米ぬかを落とし、一定時間水に漬けて米に水を吸わせるのは同じです。しかし、酒米の水分量は多ければ多いほどよいというわけではありません。水に漬ける時間を調整して水分量を調整します。

しっかり磨いた米は、表面も柔らかく水の吸収が早いので、数分で目標の水分量に達します。そこで、酒蔵では、過去の経験を踏まえつつ、何分何秒水に漬けるかを設定し、ストップウォッチで計りながら適切なタイミングで米を引き上げます。

この光景は日本酒の書籍や映像にもよく描かれますが、ストップウォッチを使うことがすごいのではありません。昔は酒造り唄といってさまざまな作業に応じた唄を歌いながら時間を計っていました。目標とする水分量にこだわり、ひいては目標とする蒸し米の仕上がりにこだわり、目標とする風味の日本酒にこだわるという酒蔵の作業全体がすごいのです。

米を蒸す

昔は石炭を焚いて蒸気で米を蒸していたので、酒蔵には高い煙突がありました。今ではボイラーで蒸気を作りますが、蔵のシンボルとして煙突を残している酒蔵が多いです。

日本人が食卓で食べる飯米は炊きますが、酒蔵が日本酒を造る際に使う酒米は蒸します。「炊く」というのは、外国人にも分かりやすく言えば、米を水の中に入れ「水分を多量に含ませながら米を加熱する」作業です。「蒸す」というのは、米を水蒸気の中に置き「水分を少量含ませながら米を加熱する」作業です。

なぜ米の水分量にこだわるかというと、水分量の違いがその後の作業に大きな影響を及ぼすからです。たとえば、蒸し米の一部は麹の培養に使われますが、蒸し米の水分量は麹の繁殖に適した水分量になっています。これが炊いた米だと水分量が多すぎ、青カビなど別の微生物が繁殖しやすい環境になってしまいます。べたつくと作業にも不便です。

蒸した米を冷ます

蒸し上がった米は、温度を下げ、余分な水分も発散させ、理想的な温度と水分量に仕上げて次の作業に用います。

蒸し米の大半は直接タンクに入れられますが、一部の蒸し米は、麹菌を繁殖させてからタンクに入れるため、麹を準備する部屋に運ばれます。

③麹の準備（米麹を造る）

蔵の中には麹を準備する特別な部屋があります。部屋の中は繊細な温度と湿度のコントロールが必要なので、断熱効果の高い壁に囲まれた二重扉になっていることが多いです。

部屋の中央には作業台があり、最初に蒸し米を作業台の上に広げ、コウジカビの胞子を振りかけます。その後、培養のためのさまざまな作業が約二日間にわたり続きます。

なぜ米麹を造るのか

日本酒を造る大きなタンクの中にコウジカビの胞子を直接入れても、米のデンプンは糖になりません。特別な部屋でコウジカビが繁殖する環境（温度、湿度、酸素、栄養）を整えると、蒸し米に付いた胞子から菌糸が伸びていきます。この菌糸がデンプンを糖に変える力を持っています。酒蔵はこれを酒造りに利用します。

酒蔵には胞子よりも菌糸が重要

酒蔵が大きなタンクに入れたいのは、コウジカビの胞子ではなく菌糸です。しかし菌糸は何か栄養があるものの上でないと繁殖しません。そこで、蒸し米の一部にコウジカビの胞子を振りかけて菌糸を繁殖させた「米麹」をタンクに入れます。残りの蒸し米はそのままデンプン供給源としてタンクに入れます。

温度と湿度と通気性を調節する

特別な部屋での作業では「コウジカビの繁殖に最適な温度と湿度と通気性を維持すること」が大切です。時間の経過に応じて最適な温度や湿度や通気性が変わってくるので必要に応じて調整しなければなりません。通気性を高めようとして表面積を広げると温度や湿度が下がるなど、三条件が互いに影響を及ぼすので繊細な作業になります。

約二日間にわたる断続的な作業

蒸し米の米粒が互いにくっついて塊になると、温度、湿度、通気性にむらが生じます。塊をほぐし、時には寄せて、時には広げて、布を掛けたり外したり、置き場所を変えたり、さまざまな作業で温度、湿度、通気性を調節します。このような作業を数時間ごとに行いながら約二日間かけて米麹を造ります。

米麹は思ったほどには甘くない

出来上がった米麹は表面が白っぽくなり、栗のような香りがして噛むとほのかに甘いです。しかし甘酒のように甘味たっぷりではありません。

私が酒蔵で初めて米麹をひとつまみ味見させていただいた時には「麹は米のデンプンを糖にする」という理解から「米麹は甘味たっぷり」と思い込んでいたので期待外れでした。米麹の役割は、米粒を糖で一杯にすることではなく、これからタンクの中で米のデンプンを糖に変える力を持つ菌糸で一杯にすることなのでした。

④酵母の準備（酵母を増やす）

酒蔵見学というと、高さが二メートル以上ある大きなタンクがたくさん並んでいる光景を想像しますが、これとは別に、部外者立入禁止の部屋があります。中には高さ一メートルほどの小さなタンクがあります。この小さなタンクで酵母の準備を行います。

小さなタンクで酵母を増やして大きなタンクで日本酒を造る

世界中の酒造りの基本は、糖をアルコールに変えることです。しかし、糖は酵母のみならずあらゆる微生物の大好物です。大きなタンクの中で雑菌が増えてしまうと酒造りは失敗に終わります。まずは大きなタンクに入れる酵母を大量に準備しなければなりません。

小さなタンクで酵母を増やす作業と、大きなタンクで日本酒を造る作業は、どちらもタンクの中の白い液体を人が棒でかき混ぜている似たような光景に見えます。私は外国人に日本酒の造り方の話をする際には、専門用語に頼らず「小さなタンクで酵母を増やして大きなタンクで日本酒を造る」という表現をしています。

小さなタンクに入れるものは日本酒の原料と同じ

酵母の準備に必要なものは、日本酒の原料と同じ（水、米、麹、酵母）です。このうち、水と蒸し米と米麹はすでに準備ができています。残る酵母ですが、昔は蔵の中に棲み着いている酵母が舞い降りて自然に増えるのを待っていたり、前回準備した酵母を少量取り分けておいて次回の酵母の準備に使ったりしていました。今では、ガラス製アンプルやプラボトルなどの形で購入したり、フラスコなどで自社培養した酵母をタンクに入れる蔵がほとんどです。

手間暇かけた昔の方法と近代化された方法

昔は小さなタンクの中が酵母で一杯になるまで四週間かかっていました。最初の二週間で乳酸菌が増え、乳酸菌の作る乳酸がタンクの中を酸性にして他の雑菌を駆逐します。日本酒を造る酵母は、酸に強いという特徴があり、後半の二週間でタンク一杯に増えます。

この仕組みが明治時代に判明した後、四週間かかっていた酵母の準備は二週間でできるようになりました。あらかじめ乳酸菌で作った乳酸を購入し、四つの原料と一緒に小さなタンクに入れれば、二週間経過時点からスタートするようなものだからです。

戦後はほとんどの酒蔵がこうやって日本酒を造っていますが、その後、昔ながらの手間暇かけた準備を復活させる酒蔵も増えてきました。ラベルに「生もと」「山廃」などの表示がある日本酒です。酸味や旨味のしっかりした製品が多いですが、スッキリした風味に仕上げることも可能です。

3 「転」〜日本酒を造る

①原料をタンクに入れる（四つの原料を投入する）

日本酒の四つの原料を大きなタンクに入れようと思ったら、実は、一気に全部入れてはダメなのです。多くの酒蔵では、材料の投入だけで四日間もかけています。

酵母が薄まらないように少しずつ大きなタンクを一杯にする

米のデンプンを麹が糖に変えたら、空気中のさまざまな雑菌も増殖したがります。せっかく手間暇かけて小さなタンクを酵母で一杯にしたのに、これを大きなタンクに投入した際に他の原料（水、米、麹）で薄めてしまうと、雑菌が増殖してしまい、大きなタンクが丸ごとダメになってしまう危険もあります。

したがって、大きなタンクの中に、まずは酵母とともに他の原料を少しずつ入れ、その中で酵母がある程度増殖したら、さらにもう少しずつ入れ、……とこれを繰り返して、大きなタンクの中を、常に酵母が大量にいる状態を維持しながら一杯にしていきます。大半の酒蔵では三回に分けて入れます。

②タンク内で発酵させる（発酵速度を調節する）

大きなタンクの中では「麹がデンプンを糖に変える」「酵母が糖をアルコールに変える」という二種類の発酵が同時に行われています。それぞれ温度を変えると発酵の速度が変わります。と言うことは、二つの発酵を過不足なく同時に進めるためには温度管理が非常に重要だということです。私はこれを外国人に説明する際には「麹と酵母のバケツリレー」あるいは「麹と酵母の二人三脚」と説明しています。

昔は冷蔵技術がなかったので冬に造った

酒蔵にとっては発酵期間と発酵温度もレシピの一部です。昔はタンクの中身の温度が低すぎる時に湯たんぽのような道具で温めることはできましたが、温度が高すぎる時に冷やすことは難しかったので、温度管理が重要な酒造りは寒い時期に行うことが主流になりました。

南九州は冬でも温暖なため、昔は日本酒を造るのが難しく、焼酎がよく造られるようになりました。現在では、酒蔵の部屋全体あるいは建物全体を冷蔵にすることも可能で、すべての都道府県で日本酒が造られています。

③副原料をタンクに入れる（オプション）

日本酒のラベルの原材料欄をみると「醸造アルコール」と書いてある製品があります。安価な製品の中にはさらに「糖類」や「酸味料」と書いてある製品もあります。これらを、ここでは副原料と呼びます。副原料の使用はオプションです。使う場合は、大きなタンクの中で日本酒を造る作業の最終段階で加えます。

日本酒愛好家の中には「自分は副原料を使用する日本酒は飲まない」という人も「そもそも副原料を使用した製品は日本酒と呼ぶべきではない」という人もいます。

副原料とは何か

副原料にもさまざまありますが、ここでは日本酒のラベルの原材料表示でよく見かける三について説明します。

(1)醸造アルコール

合成アルコールではないことを強調する意味もあって醸造アルコールと呼ばれますが、消費者目線で言えば、ほぼ純粋なアルコールです。以下では単にアルコールと呼びます。

(2)糖類

ブドウ糖や水飴などです。米を精米する際に生じた米ぬかを原料とする糖類もあります。

(3)酸味料

乳酸、クエン酸、コハク酸などです。

何のために副原料としてアルコールを使うのか

日本酒を造るタンクにアルコールを入れる目的はさまざまあり、それぞれの時代の要請により主な目的が違います。

(1)雑菌の増殖を抑える

明治以前には日本酒造りの最中に雑菌が増殖して失敗に終わることもよくありました。日本酒造りの最中に焼酎を加えることにより雑菌の増殖を抑えることができました。

(2)日本酒の保存性を高める

焼酎を加えることは、出来上がった日本酒を各地に輸送し流通する過程での保存性を高める効果もありました。

(3)米不足を補う

戦中戦後の食糧難に際し、アルコールを添加することが認められました。当時は劣悪な密造酒による健康被害も多く、酒蔵が安全な日本酒を安定供給することが重要でした。

(4)製造コストを下げる

米不足が解消した後も、安価な日本酒への消費者の需要も根強く、現在に至っています。加えてもよいアルコールの量は削減されましたが、昔の安酒のイメージは根強いです。

(5)軽快な味わいにする

一般的にアルコールを加えると酒は辛口になり、キレが強調されます。アルコールを加えた後で水も加えると、アルコール度数を変えずに風味成分を薄めたことになり、スッキリした味わいの日本酒に仕上げることができます。

(6)香りを華やかにする

アルコールには香り成分を溶かす性質があります。日本酒を造る最中にアルコールを加えると、より多くの香り成分が酒粕に奪われず日本酒に残ります。大吟醸と呼ばれる高級酒に少量のアルコールを加えるのは、製造コストを下げるのが目的ではありません。

何のために副原料として糖類や酸味料を使うのか

「製造コストを下げる」を重視して限度一杯のアルコールを加えてしまうと、風味成分が薄まりすぎてしまい、それを補うために糖類や酸味料を加えることがあります。よく言えば「手軽に入手可能な経済性を保ちつつよりおいしく飲めるため」ですが、日本酒愛好家の中には、糖類や酸味料の添加にはアルコールの添加以上に抵抗を感じる人もいます。

副原料はラベルに表示されているので消費者が選択できる

これらの副原料は表示義務の対象なので、日本酒のラベルの原材料欄に明記されています。多様な製品があり、その情報が表示され、消費者が選択できる状態にあります。

なお、外国人からもよく誤解されますが、日本酒には防腐剤や保存料や酸化防止剤は入っていません。日本から海外に輸出される日本酒にも入っていません。

④タンクから出す（日本酒と酒粕を分離する）

発酵が終わった時点で大きなタンクの中身は白く濁っています。この中身を液体と固体に分離します。分離した液体が日本酒（清酒）、固体が酒粕です。なお液体と固体を分離せずに製品化すると「どぶろく（濁酒）」と呼ばれます。

液体と固体に分離する方法はさまざま

酒蔵で使われている道具は専門用語が多く、外国人に説明するのに苦労します。私は、どういう道具を使っているかではなく、何の力で分離しているのかで説明しています。

(1)重力を使って分離する

布袋の中にタンクの中身を入れ、袋の口を縛ってつり下げると、袋の底から液体が少しずつ流れ落ちてきます。この方法は、スッキリした風味になるのが長所ですが、手間がかかり液体が少量しか取れません。採算よりも品質を優先する出品酒によく使われます。

(2)重力と圧力を使って分離する

布袋の中にタンクの中身を入れ、浴槽のような容器の中にたくさん積み重ねます。容器全体に落としぶたの要領で板をかぶせ、上から圧力をかけて液体をしぼり出します。

この方法は、圧力を強めれば多くの液体を取り出すことができますが、最初と中間と最後で出てくる液体の風味に違いが出ます。別々にとり分けて別の製品にする場合もあります。袋を詰めたり積んだり、袋の中から酒粕を取り出したりという手間がかかります。

(3)圧力を使って分離する

アコーディオンのお化けのような形状の大きな機械を使い、空気圧をかけて液体をしぼり出します。この方法は、少人数で大量の作業が可能であり、現在の酒蔵では主流です。

(4)遠心力を使って分離する

タンクの中身を円筒形の容器に入れて高速回転させると酒粕が容器の側面に集まるので、容器の中央部に集まった液体を取り出します。酒粕の雑味成分が混じったり、布の臭いが移ったりする心配がなく、空気との接触もほとんどありません。ただし機械が非常に高価であり液体が少量しかとれないので、ごく一部の酒蔵で高級酒用に使われています。

4 「結」~日本酒を仕上げる

①濾過する(オプション)

目的は「うす濁りや着色成分を除去する」

お風呂の入浴剤をイメージすると、布袋で液体と個体を分離しても、うす濁りは除去できないことが想像できると思います。濾過の目的は、このうす濁りを除去して風味と保存性を良くし見栄えも良くすることです。また、昔は日本酒の色が劣化と見なされがちだったこともあり、着色成分を除去することも目的です。

昔は「活性炭濾過」、最近は「超精密フィルター」

分離した日本酒を数日間安置して、粒子の大きな濁り成分を沈め、上澄みの液体を別タンクに移します。次に、活性炭の粉末を少量混ぜ入れてから濾紙フィルターで濾過すると、粒子の小さな濁り成分や着色成分も除去されて、ほぼ無色透明な日本酒になります。

最近は、家庭用の浄水器にも高性能のフィルターが使われています。酒蔵では超精密フィルターなどを酒蔵の意図に合わせて選択し組み合わせることにより、「うす濁りや着色成分を除去する」作業を一気に済ませることも可能になりました。

酒蔵の「無濾過」は消費者目線では「活性炭濾過していない」という意味

活性炭を使用する「濾過」は日本酒が本来もっている色や旨味まで除去しかねないので、これを行わない「無濾過」の日本酒が増えてきました。ただし、フィルターでうす濁りを除去した日本酒を「無濾過」と表示する酒蔵もあります。私が外国人に説明する際には、消費者目線で「活性炭濾過していない」と説明しています。「無濾過」と名乗る日本酒は、他の製品よりも日本酒本来の色と風味が強調されていることが多いです。

②加熱する（オプション）

酒粕と分離した液体の日本酒の中には、麹菌が造った物質も酵母菌も残っています。これらが残ったままだと、瓶詰めして出荷された後にも働き続け、日本酒の風味を変化させます。腐敗ではありませんが、蔵元の想定外の風味になります。また、空気中にはさまざまな雑菌があり、日本酒ができた後の仕上げ作業中にも入り込んできます。雑菌の中にはアルコールに強い乳酸菌など、増殖すると見た目も風味も悪くなるものがあり要注意です。

加熱の目的は「劣化と雑菌を防ぐ」

日本酒を加熱することには、劣化（酒蔵が想定していない変化）を防ぐとともに、雑菌の増殖を防ぐという二つの目的があります。

目標は「温度を上げて再び下げる」

加熱する温度と時間は、日本酒の酒質、酒蔵の衛生環境、今後の貯蔵・流通環境、酒蔵の考え方などにより異なります。一般的には六五℃程度で三分程度加熱します。加熱後は熱による劣化を防ぐために再び温度を下げます。昔は自然冷却でしたが、酒質を維持するため、加熱と同様の原理で冷水で急速冷却することもあります。

基本は「貯蔵前と貯蔵後の二回加熱する」

酒蔵では、出来上がった日本酒を大きなタンクで貯蔵する前に一回目の加熱を行い、タンクから取り出して瓶詰めする前に二回目の加熱を行うことが一般的です。一回目の加熱は劣化を防ぐことと雑菌を防ぐことの二つの目的がともに重要です。二回目の加熱は雑菌を防ぐという目的がより重要です。なぜなら、タンクから瓶に詰められるまでの過程で配管や瓶に雑菌が付着するかもしれないからです。この不安を解消するため最近はタンク貯蔵をせずに加熱してすぐ瓶詰めする酒蔵もあります。

一度も加熱しない「生酒」

加熱をしない日本酒を「生酒」と呼びます。出荷直後は新鮮な風味が感じられる反面、劣化のリスクがあります。雑菌が増殖するリスクも生じます。したがって酒蔵は、出荷後も低温で流通させて早めに消費してもらうことを希望します。酒屋にも家庭にも冷蔵庫が普及し冷蔵の宅配も普及した現代ならではの製品です。

このほか、生で貯蔵して出荷前に一度加熱する製品や、一度加熱して貯蔵しその後は加熱せず瓶詰めする製品もあります。衛生管理の発達により酒蔵には選択の余地があります。

③加水する（オプション）

酒蔵では出来上がった日本酒に水を加えることがあります。日本酒は大きなタンクの中でしっかり発酵させるとアルコール度が一八％から二〇％近くまで上がります。しかし、一般的な日本酒の製品は一五％から一六％くらいなので、加水してアルコール度を下げることが一般的です。加水せずアルコール度無調整の製品は「原酒」と呼ばれます。

意図的に低アルコールの原酒を造る酒蔵もある

原料の割合や、酵母の種類や、温度管理を調節することによって、発酵が終了した時点で一五度以下という低アルコールのおいしい原酒を造る酒蔵も増えてきています。中には原酒で一三度以下という製品もあり、ワイン感覚で楽しめます。ただし、新たな試みの製品は造るのに手間暇がかかる反面、一般的にアルコール分が低い酒は価格も安いことを消費者は期待するので、経済性との両立は大変そうです。

④貯蔵する（オプション）

酒蔵では、出来上がった日本酒を大きなタンクで貯蔵し、必要に応じて瓶詰めして出荷することが一般的です。最近はタンク貯蔵ではなく瓶貯蔵にする酒蔵もありますが、出荷するまで酒蔵で貯蔵することには変わりありません。

一年未満の貯蔵は出荷管理目的だが緩やかに熟成も進む

多くの酒蔵では冬に造った日本酒を一年かけて出荷します。その間の酒蔵での貯蔵は、出荷管理が目的であって熟成目的ではありませんが、秋になって出荷される「ひやおろし」は約半年の軽い熟成を経ているので、新酒とは風味が異なります。

酒蔵の軒先には杉の枝で作った玉が看板代わりに吊されています。新酒ができた頃に取り替え、一年の間に緑から茶色に変色していく様子が酒の熟成を感じさせます。

一年以上の貯蔵は昔は「余剰在庫」、近年は「熟成」に比重

米は翌年の新米が出回ると「古米」と呼ばれ、余剰在庫扱いです。日本酒も明治以降は一年以内に飲まれることが一般的でした。しかし昭和後期になると意図的に熟成目的の貯蔵を行う酒蔵が現れました。近年は熟成酒に独自の価値を見いだす消費者が増え、熟成目的で長期貯蔵を行う酒蔵も増えてきました。

日本酒の熟成は「成分量×温度×時間」

ご飯のお焦げやパンのトーストなど、糖とアミノ酸を加熱すると褐色になり香ばしい風味が生まれます。日本酒の熟成にはさまざまな変化がありますが、この変化が最も分かりやすいです。この反応は微生物とは関係ないので、濾過や加熱をした日本酒でも起こります。

この反応は「含まれている糖やアミノ酸が多いほど」「貯蔵温度が高いほど」「貯蔵期間が長いほど」進むので、熟成の速度は酒質や環境によって異なりますし、調節も可能です。

劣化と熟成の違い

熟成酒の香ばしい香りは、一定の濃度までは不快な臭いと感じられることもあります。人間と同様に、歳月を重ねて生じる変化が劣化なのか円熟なのかは一概には言えません。

第三部

実践テクニック編

第七章 国際ビジネス目線で日本酒を選ぶ

はじめに 七つの選び方

自分の家飲み用の日本酒を買うときには選び方は適当でも構いません。自分の好みに合わなかった場合でも単なる失敗で済みます。しかし、仕事で使う場合や外国人に勧める場合には慎重な検討が必要です。

ドラマやマンガとは違い、日本酒の選択が悪くてビジネスが大失敗することはないと思いますが、相手に喜ばれる機会を逃してしまうことはあるかもしれません。日本酒をあまり飲まない外国人の場合は、そのまま日本酒全体に対する関心を失ってしまうかもしれません。

詳しい店員のいる場所では素直に相談するのが吉

地酒専門店やデパートでは、日本酒に詳しい店員さんが選択を手伝ってくれると思います。その店の品揃えを熟知している店員さんに相談するのが一番だと思います。

ネット通販も、検索すればさまざまな説明が得られます。酒蔵や地酒専門店が運営しているサイトには、分からない点を尋ねるとメールで丁寧に返信してくれるサイトもあります。そのようなサイトを利用するのがいいと思います。

詳しい店員のいない場所で日本酒に詳しくない人がどうやって選ぶかが問題

問題は、詳しい店員のいないコンビニやスーパーなどです。日本酒に詳しくない人は途方に暮れてしまいます。

海外で日本酒を購入する場合も同様です。世界的な大都市には日本酒専用の酒屋があり日本酒に詳しい店員がいることが多いですが、世界の大半の街では、ワインショップや日本食材スーパーの片隅に限られた選択肢がある程度で、日本酒に詳しい店員がいる可能性はまだまだ低いです。

七つの選び方

この章では、日本酒選びに困った際に「何を選ぶか」ではなく「どうやって選ぶか」についてお話しします。多くの人が無意識に行っていることを、私なりに「七つの選び方」という形に整理して紹介します。

ここでは特に「ビジネスで使う」「外国人に勧める」ことを意識しながらお話ししますが、誰にでもお勧めできる唯一の選び方があるわけではありません。選び方は十人いれば十人さまざまです。あなたに合った選び方のヒントをこの中から探してみてください。

1 目で選ぶ（瓶やラベルのデザイン）

「瓶がきれいだから選んだ」「ラベルがかわいいから選んだ」。これも立派な選び方です。ラベルでインパクトを狙う「ジャケ買い」狙いの製品も増えています。ビジネスにおいても相手に与える第一印象は重要ですし、そこに意味を込めることも可能です。

①瓶の色

日本酒の瓶は、茶色か深い緑色が多いです。これは日光や照明の紫外線で酒が劣化するのを防ぐためです。茶色はビール瓶みたいであまりオシャレには思われませんが、日本に詳しい外国人には日本らしさを感じさせることもあります。深い緑色はワインボトルにもよくあるので良くも悪くも目立ちません。黒瓶は高級感を感じさせます。

最近は青色の瓶も時々見かけます。爽やかな味わいの製品だったり夏季限定の製品だったりします。イメージは夏ですが紫外線には非常に弱いので直射日光は大敵です。

透明の瓶も時々見かけます。これは濁り酒や淡い色のついたお酒であることを強調するため、あるいは逆に、水のように澄んだお酒であることを強調するために使われることが多いようです。もちろん直射日光は大敵です。ワインでもロゼやヌーヴォーなど長期保存せずにフレッシュな状態で楽しむ製品には透明の瓶が使われることが多いようです。

ガラスの表面がフロスト（すりガラス）になっている瓶もあります。高級感を与える反面、光を乱反射させるだけで紫外線には弱いので要注意です。

瓶に新聞紙を巻いている製品もあります。日本酒愛好家にとっては「紫外線対策を意識している酒蔵だ」という良い印象を与えますが、外国人には高級感を与えません。ただしカジュアルな雰囲気を出したい際や、相手が日本語を読めたり日本語に興味を持っている場合には話のネタとして効果的です。私は瓶が竹皮に包まれた日本酒をヨーロッパで使ったことがありますが、異国情緒は満点で「これは何だ」と尋ねる人が続出しました。レセプションで多くの人にとりあえず一口試飲してほしい場面では絶大な威力を発揮しました。

②瓶のサイズ

日本酒の瓶は一升瓶（一八〇〇ミリリットル）か四合瓶（七二〇ミリリットル）が一般的です。四合瓶は一般的なワインボトル（七五〇ミリリットル）に近いので外国人にも違和感を与えません。

日本酒の小瓶では三〇〇ミリリットルや一合瓶（一八〇ミリリットル）をよく見かけます。三〇〇ミリリットル瓶はワインのハーフボトルのイメージですし、一合瓶はワインの四分の一ボトル（国際線のエコノミークラスの機内食でよく見かける）のイメージです。

贈答品文化の根付いた国で小瓶をプレゼントすると「みみっちい」と思われかねないので、その場合は四合瓶に限ります。プライベートでは一升瓶で相手を驚かせる手もありますが、ビジネスの場ではお勧めしません。逆に、倫理規定の厳しい国では、高価そうなプレゼントを渡すと相手も困るので、先方の事情も確認の上で「ちょっと気の利いたプレゼント」として小瓶の日本酒をプレゼントするのは一案です。

③瓶の形

日本酒はワインのように瓶の形が地域や風味と密接に結びついてはいないので、外国人を混乱させている側面もあります。その反面、酒蔵のアイデアを自由に反映させられるので選ぶ楽しみがあるとも言えます。

最近は外観も中身もワインを意識した日本酒が増えてきています。ラベルのデザインがワインを意識している日本酒であれば、その瓶の形からどのようなワインを意識しているか想像できることがあります。ワインの素養のある外国人には分かりやすいでしょう。

また、ファッション性のある変わり種の瓶も増えてきました。飲んだ後も飾り物や一輪挿しとして使う人もいるようです。ベルギーでのレセプションで「この瓶が空いたら欲しい」と複数の女性からリクエストを受けて驚いたことがあります。

日本酒の樽を模したデザインのミニボトルもあります。これはいかにもお土産用です。飲んだ後にも部屋に飾ってもらえる可能性があるので、贈り主を忘れないでいてもらえるという人脈構築上の利点があります。ただし相手が本物の日本酒樽を知らないと愛着が湧かないので、鏡開きの風習も含めて説明することができればなお効果的です。

④ラベルのデザイン

昭和期には紋章風のロゴマークの上に銘柄名を記したデザインのラベルが多かったですが、平成期には筆文字で銘柄名を大書したデザインが増えました。ワインのような横文字のデザインや、芸術的なデザイン、あるいはイラストを中心とするかわいいラベルの製品も増えてきました。

筆文字で銘柄名を大書したデザインは漢字圏以外の外国人には異国情緒満点ですが、当然ながら何という意味かを尋ねられますし、そこで気の利いた答えが出てこないと話が盛り上がりません。デザイン以外にその製品を選んだ明確な理由があればよいのですが、一般論として「動植物の名前」「富士」「美人」などの言葉の入った銘柄は話題にしやすいです。尋ねられて説明できない銘柄をビジネスの現場で活用するのは得策ではありません。

ワインのような横文字のデザインは、日本人にとっては日本酒としてインパクトがありますが、実はワインを見慣れた外国人にとってはインパクトがなかったりしますし、そういう人は横文字ラベルを見る目が肥えていることが多いので「外国人だから横文字のラベルが喜ばれる」とは限りません。

かわいいラベルの製品、とくにアニメ風のキャラクターについては、外国人の間でも好き嫌いが分かれますので、ハイリスク・ハイリターンです。相手を選びましょう。浮世絵の美人画ラベルも、外国人には異国情緒満点と思われがちですが、まれに芸者に対する偏った理解をしている外国人もいるので注意する必要があります。

2 耳で選ぶ（評判）

ここで言う「耳」とは「評判」という意味です。選ぶ手がかりが少ない時に、詳しい人の評価を参考にするのは立派な選び方です。恥ずかしく思う必要はありません。

①店員の評判

先ほどお話ししたように、デパートや地酒専門店など、日本酒に詳しい店員がいる店では、素直に相談するのが一番だと思います。店員はその店の商品を熟知しているので、店員のお勧めに「外れ」はないはずです。

ただし店によっては「在庫の事情で今はこの製品をたくさん売りたい」という場合もあるでしょうし、店員によっては個人的に思い入れのある製品を誰にでも勧める場合もあるでしょう。店員があなたの購入目的を尋ねながら製品を見繕ってくれる場合は信頼できます。

②周囲の人の評判

「どうしてこの製品を選んだの?」と尋ねられた際に「Aさんのお勧めだったから」「Bさんもこれを飲んでいたから」と返事ができる場合は、あなたがAさんやBさんを信頼している証拠ですから、問題ないと思います。でも「その時店内にやってきた団体客がこれをたくさん買っていたから」と返事をするのは、ちょっと恥ずかしいかもしれません。評判で選ぶ場合はその評判の情報源をあなたが信頼していることに意味があります。根拠が不明な情報源を信頼するとあなたの信頼性も根拠を失います。

③メディアの評判

「あの雑誌に載っていたから」「あの番組に出ていたから」という場合、自分用であればよいですが、ビジネスで活用する場合、相手方も「その雑誌」や「その番組」を信頼しているとは限りません。相手にとっても権威あるメディアであれば効果的ですが、そうでない場合は逆効果になりかねません。

インターネットメディアやＳＮＳの場合はさらに玉石混淆ですので、自分がそのメディアを日本酒以外の記事でも信頼しているか否かを考えた上で参考にしましょう。

④大会受賞酒

「何とかコンクール金賞受賞」などの受賞歴がラベルや首掛けＰＯＰなどで表示されている製品があります。メジャーな舞台で高い評価を得た銘柄であるという情報自体が付加価値ですし、プロが審査して選ばれたということですから、何の手がかりもない状態から選ぶよりも安心材料になります。経費を使うビジネスの場合は説明責任も果たせます。

ただし、全ての酒蔵が全ての大会に出品しているわけではありません。酒蔵の中にはあえて大会には出品しない、大会の権威には頼らないというポリシーのところもあります。審査も大会ごとに異なる基準で行われているので、受賞酒だからといってあなたや外国人の好みに合うとは限りません。

日本人には「金賞受賞」というと素直に好感を抱く人が多いですし、外国人にも、ワインの格付けや評論家の点数を素直に参考にする人は受賞酒にも好感を抱くと思います。外国人が日本酒に詳しくない人であっても「ゴールドメダル」といった評価がなされていれば「選ばれた酒なのだ」ということは分かりますし「自分はその選ばれた酒を飲んでいるのだ」という満足感を与えることもできるでしょう。

ただし「これは何のメダルなのか」と説明を求められることがあるので、ビジネスで使う場合には事前にどんな大会なのかウェブサイトで概要を確認しておくべきです。相手が日本酒への関心が強い人であれば「なぜこの酒が受賞したのか」という説明を求められる場合もあるので、事前に酒蔵のウェブサイト等で予習しておくことをお勧めします。

⑤首脳会談・首脳会議等での乾杯酒・提供酒

主要国との首脳会談や首脳会議が日本国内で開催される度に、晩餐会のメニューとともに乾杯酒が何になるかが世間の関心を集めます。

過去三回（一九七九年、八六年、九三年）開催されたG７東京サミットでは日本酒が乾杯酒に採用されました。二〇〇〇年のG８九州・沖縄サミットでは日本産のスパークリングワインでしたが、〇八年のG８北海道洞爺湖サミット、一六年のG７伊勢志摩サミット、一九年のG２０大阪サミットでは日本酒が乾杯酒に採用されました。

宮中晩餐会で提供される日本酒の銘柄は公表されませんが、政府主催の晩餐会では情報公開や広報の観点から銘柄まで公表される傾向にあり、報道された直後に全国から蔵元に注文が殺到することもあります。

乾杯酒の採用に際しては「日本を代表する」のみならず「開催地の魅力を発信する」ことや「被災地を支援する」ことも期待され、一つに絞り込むのは大変です。近年は「首脳晩餐会」以外にも「首脳ワーキングランチ」「外相晩餐会」「夫人昼食会」など乾杯酒の出番を増やしたり、随行者への提供酒やプレスセンター食堂での各国報道陣への提供酒など、さまざまな「サミット提供酒」を採用する傾向を感じます。

ビジネスの現場で「首脳が飲んだ日本酒」を活用することは、その品質と評価を裏付ける意味でも話題にする意味でも効果的です。ただし「サミット提供酒」イコール「首脳の乾杯酒」とは限らないので、気になる場合は報道や公式ウェブサイトで確認してください。

3 頭で選ぶ(ラベルの記述内容)

飲んだことのない製品の中から日本酒を選ぶ場合は、ラベルの記述が頼りになります。しかしラベルの記述は風味ではなく原料や製法に関する専門用語が大半です。

この本ではすでに「コメがサケになるまで」の「四つのステップ×四つの作業」を具体的に説明しました。ここでは、ラベルに書かれている用語の多くがこの四つのステップに関連しているのだということを紹介するにとどめます。個々の用語の定義が気になる人は、ネットで検索するか一般的な日本酒入門書を読んでみてください。

①「起」～日本酒の原料を選ぶ

「水を選ぶ」……何々山系の伏流水といったイメージ表現はよく見かけます。ラベルで水の成分を表示する例は少ないです。

「米を選ぶ」……「山田錦」「五百万石」「美山錦」「雄町」など百近い品種があり、愛好家が深入りするポイントです。「兵庫県特A地区」などの名産地、「有機栽培」などの栽培方法、「契約栽培米」など酒蔵と農業の近接性を示す用語もあります。

「麹を選ぶ」……焼酎用の「白麹」まれに「黒麹」を使っていることを表示している製品があります。日本酒用の黄麹の詳細をラベルで表示する例は少ないです。

「酵母を選ぶ」……「きょうかい何号」あるいは「花酵母」など酵母の種類が多く、愛好家が深入りするポイントです。「自社培養酵母」「酵母無添加（蔵付き酵母）」など酒蔵と酵母の近接性を示す用語もあります。

②「承」〜日本酒の原料を準備する

「水の準備」……ラベルで表示する例は少ないです。

「米の準備」……米の表面をどれだけ磨いて小さくしたか、あるいはあえて小さくしないかを示す「精米歩合」が愛好家が深入りするポイントです。数字が小さいと「吟醸」「大吟醸」などの表示が可能になります。「扁平精米」など精米方法を示す用語もあります。

「麹の準備」……ラベルで表示する例は少ないです。

「酵母の準備」……「酒母」または「もと」を造るともいいます。一般的な速醸もとを表示する例は少なく、伝統的な「生もと」「山廃もと」、さらに昔の「菩提もと」「水もと」、あるいは近代化しつつ工夫を凝らした「高温糖化もと」などさまざまな種類の造り方があり、愛好家が深入りするポイントです。

③「転」〜日本酒を造る

「原料をタンクに入れる」……「四段仕込み」など追加的な手間をかける場合にラベルに

表示される例があります。

「タンク内で発酵させる」……「低温長期発酵」など追加的な手間をかける場合にラベルに表示される例があります。

「副原料をタンクに入れる」……副原料を使わない「純米酒」にこだわる愛好家が多くいます。純米酒は原材料欄にも「米、米こうじ」とのみ表示されています。

「タンクから出す」……伝統的な「槽（ふね）しぼり」、手作業の「袋吊り」「雫取り」、最新機械の「遠心分離」など、酒粕と日本酒を分離する方法を示す用語が多いです。しぼり始めからしぼり終わりまでを「荒走り」「中取り」「責め」などに取り分ける用語もあります。「初しぼり」「元旦しぼり」「立春朝しぼり」など時期を示す用語もあります。

④「結」～日本酒を仕上げる

「濾過する」……無濾過であることを表示する例が増えています。

「加熱する」……「生」「本生」「生貯蔵」「生詰」など加熱の有無や回数を示す用語、「瓶燗火入れ」のように加熱方法を示す用語があります。

「加水する」……加水しない「原酒」であることを表示する例が多いです。
「貯蔵する」……貯蔵しない「しぼりたて」「新酒」、夏を超えた「ひやおろし」「秋あがり」から「古酒」「長期熟成酒」などさまざまな用語があります。

このように日本酒の専門用語の多くが製造工程に関連しています。個々の用語を丸暗記するのではなく、これが製造工程のどこに関するものかをイメージすれば「木を見て森を見ず」の状況を避けることができ、外国人に説明する際にも便利です。

4 舌で選ぶ（試飲、過去の記憶）

あなたが実際に飲んでおいしかった製品が選択肢の中にあれば、それを選ぶのが最強です。万一相手の口に合わなかったとしても、あなたが「自分で飲んでおいしかった」という事実は誰にも否定できません。

デパートやイベントなどで試飲する機会があればぜひ活用しましょう。私は試飲の際には次の四点を心がけています。

①比べ飲みの重要性

私は外国人に日本酒を勧めることがきっかけで日本酒の勉強をするようになったのであり、味覚に鋭敏だからではありません。でも、二種類のお酒を同時に比べ飲みすれば、しかも良し悪しではなくどちらが好きかであれば、自信を持って答えられます。しかも「自分は、この中でどれか一つと聞かれたら、これが一番好きだ」という記憶は、舌の記憶としてのみならず頭の記憶としても残ります。可能な限り複数の比べ飲みをしましょう。

外国人に日本酒を勧める際にも、できる限り二種類のお酒を同時に比べ飲みしてもらいましょう。異なる風味の製品を同時に比べ飲みすれば、大抵の人が「自分はこちらが好き」と思えるはずです。仮にどちらも口に合わなかったとしても、「サケにもさまざまな種類があるのだ」ということだけでも覚えてもらえれば、将来につながります。これがもし一種類だけ飲んで口に合わなかった場合には「サケはこんなものか、自分には合わない」と思われ、二度と手に取ってもらえなくなるかもしれません。

②ストライクゾーンには個人差あり

すでにお話しした通り、味覚のストライクゾーンは人によりさまざまです。ストライクゾーンの広い人もいれば狭い人もいます。あなたが飲んでストライクだと思った製品が相手にとってはボールである可能性は常にあります。相手のストライクゾーンについて事前情報があれば参考にしますが、情報がない場合は、自分にとってのストライクを選ぶに限りますし、万一それが外れても恥ずかしく思う必要はありません。

外国人のストライクゾーンを予測するのは難しいです。可能であれば複数のボールを投げて「これはストライクかな、ボールかな」と見極めることができれば、次第に相手のストライクゾーンが明確になります。その意味でも比べ飲みは重要です。

③風味を無理して言葉で表現しなくてよい

「淡麗辛口」「濃醇甘口」といった味覚表現や「メロンのような華やかな香り」「綿飴のような甘い香り」といった香りの表現をする人がいますが、自分にとって慣れない表現を無理して使う必要はありません。このような専門用語は一種の外国語です。一度勉強すれば、同じ言語を話す人同士の意思疎通は劇的に便利になります。きき酒師やソムリエはこの外国語を勉強した人たちだとイメージすると分かりやすいです。

外国語ですから、それぞれの表現が意味するものがあり、それを知らないまま真似をすると使い方を間違えます。もちろん外国語と一緒で、上達するには間違いを恐れずに試行錯誤しながら経験を積むことが効果的ですが、きき酒師やソムリエを目指しているわけではない普通のビジネスマンが無理して真似する必要はありません。表現が思い浮かばなければ「おいしい」で問題ありませんが「まずい」よりは「自分の好みとは違う」という方が無難です。

もちろん、自分で明確に思いついた表現があれば、言葉にしたほうが自分にも相手にも明確になります。ある製品を飲んだ印象は舌の記憶だけだと次第に忘れていきますが、それを言葉にすることにより、舌の記憶としてのみならず頭の記憶としても残ります。口に出せば口と耳の記憶としても残ります。これで記憶が何重にも強化されます。きき酒師やソムリエは、その効果を意図的に狙って、風味を意識的に言語化する訓練をしています。

④気に入った製品のみを写真に撮る

居酒屋などで自分の飲んだ日本酒のラベルを几帳面にスマホで写真に撮って記録している人を見かけます。日記代わりの記録として、あるいは自分がさまざまな日本酒を飲んだ経験の証としては有意義です。しかし、自分が再び好みの製品に出会う可能性を高めたいのであれば、全部の写真を撮るのではなく、自分がおいしいと思った製品の写真だけを撮ることをお勧めします。

自分がおいしいと思った製品の写真がたまってくると、そこから自分自身も気付かなかった自分の好みの傾向が分かります。もし自分で分からなくても、日本酒に詳しい人に「自分はこんなのが好きなんです」と写真を見せれば、相手はそれらの写真を眺めながら「なるほどね。では、今日ここにあるものの中では、これはいかがでしょうか」と、あなたの好みに合った一本を提案してくれると思います。

5 懐で選ぶ（価格）

買い物をする際に価格を気にするのは当然です。日本酒はワインほど製品の価格差が激しくありませんが、それでも安価な製品から高価な製品までさまざまあります。しかもラベル表示の基準がランク別ではなく製法別なので、相場観がわかりにくいです。

ここでは一般的な留意事項と、ビジネスの現場で活用する場合の追加的な留意事項についてお話しします。ただし、これは他に選び方の手がかりがない人のためのサバイバル的なアドバイスです。価格と風味は比例しません。補助的に考慮してください。

ラベルの製法カテゴリー別に相場観をつかむ

日本酒のラベル表示は基本的に製法別なので、まずは、製法によるカテゴリーの違いに着目して相場を探るのが無難です。たとえば「純米」「純米吟醸」「純米大吟醸」のようなカテゴリーに着目してみましょう。「純米大吟醸は高いが純米吟醸だったら買えるかな」など大まかな相場観をつかみます。

同じカテゴリーの中で製品の価格を比較する

次に、同じカテゴリーの中で複数製品を改めて見比べてみましょう。たとえば同じ「純米吟醸」の複数製品を見比べると、おおむね一定の価格帯の中にありますが、中には例外的に安価なものもあれば例外的に高価なものもあります。ここで、他に判断材料がない場合は「安価なものを選ぶ」「高価なものを選ぶ」「中間のものを選ぶ」など作戦を立てることができます。

①安価なものを選ぶ

ビジネス相手の中にはランクや格付けを重視する人もいると思います。「純米」「純米吟醸」「純米大吟醸」は格ではなく製法の違いなのですが、たくさん米を磨くとコスト高になって結果的に高級品が多いので、これを格上と判断する人がいることは否定できません。

そういう相手に対しては、高価な純米吟醸よりも安価な純米大吟醸の方が喜ばれるでしょう。相手に喜んでもらうことが目的であればこれも冷静な「おもてなし」の選択です。

②高価なものを選ぶ

酒蔵の中には、表示に反映されない細部に手間暇をかけて日本酒を造り、世間の「純米吟醸だったらこの価格帯でしょ」といった悪い意味の相場観に負けずに、競争上の不利を承知で適正な高めの価格設定をしているところもあります。信頼できる店で買う場合、同カテゴリーの中で価格が高い製品は、良い意味で「訳あり」である可能性があります。

ただし希少な銘柄の製品を例外的なプレミア価格で売っている店もあるので、高価なものを選ぶ場合は、なぜ高価なのかを店員に確認して、納得して買うようにしましょう。

③中間価格帯のものを選ぶ

特に事情がなければ、中間価格帯のものを選ぶのは無難な選択肢です。中間価格帯のものは複数あるはずなので、他の選び方との組み合わせ（たとえば中間価格帯のものの中からラベルのデザインで気に入ったものを選ぶなど）の自由度が高いのも魅力です。

候補を絞ってからラベルをじっくり読むか店員に相談する

製品が冷蔵陳列ケースに入っているお店では、無闇にいくつもの製品を取り出してラベルをじっくり読むわけにもいきません。いま述べた要領である程度関心ある候補を絞った上で、瓶を手にとってラベルをじっくり読んでみましょう。特に、同じカテゴリーの中でも高価な価格設定の商品については、裏ラベルに商品説明や酒蔵の思いが丁寧に記されていることがあります。

ラベルを見てもよく分からない場合は、店員に尋ねてみましょう。特に、価格が妙に高い場合はもちろん、妙に安い場合も、その理由に納得して買うようにしましょう。

ビジネスで利用する場合は予算の上限や会計処理も重要

自分の家飲み用であれば店頭で魅力的な製品を見つけてつい散財してしまうのもご愛敬ですが、ビジネス用途であれば予算オーバーは許されません。一本あたりまたは一人あたりの限度額が決まっている場合は比較的分かりやすいですが、大人数に提供するイベント等で総額が決まっている場合は選択の余地が増えます。

一般的に四合瓶よりも一升瓶の方が割安です。一升瓶を選択可能な場合は、同じ予算内でより多くの分量を調達できます。あるいは、同じ予算内でより高級な製品を調達できます。

複数の種類を調達する際には、総額の範囲内で「質をとるか量をとるか」の選択が可能です。メリハリを付けて一点豪華主義という選択もできますし、特定の製品に人気が集中しないようにあえて均等に分散させる選択もできます。

会計処理の方法も、立て替え払い、業務用クレジットカード利用、請求書対応などさまざまだと思いますので、予め会計担当者と店の双方に確認しておく必要がありますし、領収書など書類の管理も重要です。

6 心で選ぶ（ストーリー）

味覚に自信がない人や、風味については店員に相談するという人にとっては、「愛着のある製品」「応援したい製品」を選ぶことが重要です。これも立派な選び方です。

ビジネスの現場でも、もし日本酒の風味を説明することが苦手でも、その日本酒のストーリーを説明することはできます。もし相手が日本酒が口に合わないという外国人や、アルコールを飲まない外国人であっても、ストーリーに対して共感を得ることは可能です。

酒蔵のストーリー

「歴史がある蔵」「有名な杜氏がいる蔵」「女性が活躍している蔵」「外国人が活躍している蔵」「若い世代が活躍している蔵」「被災して苦労している蔵」「米作りから酒造りまで一貫して行っている蔵」「雑誌やTVや書籍で取り上げられ感銘を受けた蔵」「地元の蔵」……理由は人それぞれですが、その酒蔵のストーリーが気に入って特定の酒蔵を好きになったら、選ぶ際にも第一候補になりますし、飲んで味わう以上に日本酒の楽しさがふくらみます。

酒米のストーリー

食用米にも「魚沼産のコシヒカリ」のようなブランド化した品種や産地があるように、酒米にも「兵庫県特A地区産の山田錦」といった有名品種や名産地があります。最近は、地元で品種改良を行った、都道府県独自の銘柄の酒米で造られた製品も増えており、郷土愛に訴求します。

また、酒米として適していながらも栽培が難しく一時期栽培されなくなっていた「幻の米」を復活させたという品種の酒米もいくつかあります。その復活に向けてのストーリーはマンガやドラマの題材にもなっています。

製品のストーリー

「特別な造り方をした製品」「被災地で耐え残った製品」「被災からの復興後初めて出荷する製品」「有名な杜氏の遺作」「若い蔵元が初めて造った製品」「海外で高い評価を受けた製品」など、蔵元の思い入れのある特別なストーリーのある製品については、ラベルに記されていることが多いです。読むと飲みたくなります。

「飲んでおいしい」と「愛着を感じる」

日本酒は嗜好品であり「飲んでおいしい」か否かが一番大切であるべきだと思います。同時に、日本酒は嗜好品であるがゆえに「愛着を感じる」か否かを第一に考える人がいてもよいと思います。両者は二者択一の関係ではありません。

酒蔵のストーリーや製品のストーリーを知って愛着を感じていれば、飲んだときの風味の感じ方に良い影響を及ぼしても不思議ではありません。「愛着を感じる」は「飲んでおいしい」の構成要素の一つだと思います。

7 足で選ぶ(地元の酒蔵、訪問した酒蔵)

ここで言う「足で選ぶ」には二つの意味があります。一つは自分の足元とも言える地元の酒蔵、もう一つは自分で足を運んだ酒蔵という意味です。酒蔵名と所在地はラベルに必ず表示されているので選択基準が明確です。

地元の銘柄は無敵

一般的に「地元の銘柄」は無敵です。それ自体が強力なストーリーのある付加価値ですし、仮に風味が相手の好みに合わなかった場合でも「私の地元の酒蔵です」と言えば相手も納得せざるを得ません。

首脳会談に際しても、開催地の日本酒あるいは総理や外務大臣の出身地の日本酒が活用されることがあります。

ビジネスの現場においても、自分の出身地や現在の居住地、組織の所在地や発祥の地、上司が主催であれば上司の出身地などが選択肢になります。相手が外国人であっても、相手が滞在あるいは旅行した日本の土地や、相手の地元と姉妹都市など、関係の深い日本の都市があれば、選択肢になります。

地元の市町村に酒蔵がなくても、都道府県レベルでは日本全国に酒蔵があります。一つの酒蔵でもさまざまな製品を造っているので予算に合わせた選択が可能ですし、地元に複数の酒蔵がある場合は他の選び方との組み合わせの自由度が増えます。

訪問した酒蔵の活用には説明力が重要

自分が実際に訪問したことのある酒蔵の日本酒を活用することも効果的です。酒蔵の説明や製品の説明はネットで検索した知識でも語ることができますが、実際に自分が訪問した体験談を交えると説得力が格段に増します。店頭で選ぶ際にも迷う必要がありません。

地元の酒蔵と違って「訪問した酒蔵」は今からでも増やすことが可能です。全国から選択可能です。もともと自分が気に入っている製品の酒蔵を訪問したことがあれば、外国人に日本酒の説明をする際にも鬼に金棒です。

おわりに あなたの「お勧め」を探そう、作ろう

日本酒の話をしているとよく「お勧めの日本酒は何ですか?」と尋ねられて困ります。誰にでもお勧めできる唯一の銘柄があれば苦労しません。私が自分で飲む日本酒を注文する時でさえ、その時々の気分や体調、季節や飲む場所、合わせる料理、一人で飲むか誰かと飲むのか、一緒に飲む人は日本酒に詳しい人か詳しくない人か、店の品揃えと今の懐具合、などなど、さまざまな条件を無意識のうちに頭の中で勘案しながら悩み、その都度違う銘柄を選ぶのです。

人によりお勧めの製品は異なる

私は本当はこう答えたいのです。

「人によりお勧めの日本酒は異なります。どんな人にも、その人にお勧めの日本酒がきっとどこかにあります。そして、どの日本酒にもそれがお勧めである人がきっとどこかにいます。お勧めとは人と日本酒をマッチングする作業です。あなたがどういう人かが分かれば、あなたにお勧めの日本酒を考えることができます。あなたのことを、もっと私に教えてください」……実際にはとても口にできませんが。

お勧めを尋ねる人の心理

そもそも人はなぜ「お勧め」を尋ねるのでしょうか。私にこれまでお勧めを尋ねてきた人を観察する限りでは「自分で選ぶのは面倒なので代わりに選んでほしい」という心理の人が一番多いです。選び方の一つ「耳で選ぶ」です。

日本酒に詳しい(と思われている)私の選択をそのまま自分の選択にするというアウトソー

シングは、ある意味合理的です。外国人の場合はほとんどがこの心理ですので、質問されることを想定しておきましょう。

時折「自分の脳内の『お勧め日本酒リスト』を充実させたい」とか「こいつ（私）がどの程度日本酒に詳しいかを見極めたい」とかいう人もいますが特殊例なので省略します。

お勧めを問われたときの三つの答え方

残念ながら「一概には言えない」という誠実な答えでは誰も満足してくれません。舞台に上がった芸人と同じで何かネタを披露しないことには満足してもらえないでしょう。自分のお勧めがある人は問題ありませんが、特に心当たりのない場合にどうするか。私が十年前の自分にアドバイスするとしたら、次の方法でサバイバルを試みるように言います。

①二択の術

店頭あるいはメニューにある選択肢の中から、自分が知っている製品を二つ選び、その二つを紹介して相手にどちらかを選んでもらいましょう。この二つは異なる風味のものであればベストですが「純米酒と吟醸酒」でも「東日本と西日本」でも「安いものと高いもの」でも何でも構いません。二択に落とし込むのがコツです。

②変動の術

実際にその場で注文する必要がない場合は、自分の知っている日本酒のコンクールを一つ紹介して、毎年の受賞酒がお勧めだと答えます。変動制の回答です。今年の受賞酒を何か即答できれば格好がつきますが、紹介を兼ねてその場で検索に持ち込むのがコツです。

③地元の術

自分の地元の酒蔵は無敵です。全国的な知名度の低い酒蔵でも構いません。あるいは自分が訪問したことのある酒蔵や、造り手と面識がある酒蔵でも構いません。相手が納得せざるを得ない「愛着がある」の世界に落とし込むのがコツです。

自分の「お勧め」があると便利

ビジネスの現場で日本酒を活用していると「お勧め」を尋ねられる機会は必ず出てきます。あらかじめ自分の「お勧め」を決めておくと楽になります。まずは、外国人でも探せば製品を入手できるような比較的メジャーな酒蔵の中から一つ、入手できなくてもよいので自分が語ることができる地元の酒蔵を一つ、自分の好きな酒蔵を探してみましょう。

コラム

外国人でもたった一字の漢字を覚えればこだわりの日本酒が買える

日本語を知らない外国人、特に非漢字圏の外国人が日本の酒屋やスーパーに行っても自分では製品を選べません。ラベルに実用的な英語表記をしている製品はめったにありません。英語で日本酒の製品選びを手伝ってくれる店員もめったにいません。結果的にラベルのデザインと価格のみで選ぶことになりますが、自分がどの程度「こだわりの日本酒」を買っているか実感できません。

何か外国人が自力で「こだわりの日本酒」を選べるような手がかりはないでしょうか。

外国人に対する日本酒セミナーでこのような質問が出た場合には、私は次のように答えています。サバイバル日本語講座です。

「いいか諸君、『吟』という字だけ覚えればいい！」（ホワイトボードに大書する）

「えー、覚えられない……」

「簡単だ。スクエア（ロ）、エー（A）、ゼット（Z）だ！」

「先生、ゼットは違う気がする……」

「気にするな。書けなくていい。雰囲気で読めればいい！」

「で、先生、これどういう意味？」

「これは『こだわり』という意味だ。でも日本語を勉強してもめったに出てこない。たぶん、諸君がこの漢字を目にするのは、こだわりの日本酒のラベルだけだ！」

「ラベルにこの字があったら、こだわりの日本酒なんですね。」

「そうだ。ちなみに『ロ』というのは『マウス』という意味で、『今』というのは『ナウ』という意味だ。だから諸君、ラベルのどこかに『吟』と書いてあったら『オープン・ユア・マウス・ナウ』だ！」


たまに生徒の中に向学心の強い人もいます。そういう時には上級編があります。

「先生、『こだわりの日本酒』と言ってもいろいろあると思いますが、もし『吟』と書いてあるラベルがたくさんあったら、さらに絞り込む方法がありますか？」
「いい質問だ。その時には『大』という字とのコンビを探せばいい！」（大書する）
「あ、この字は知ってる。『ビッグ』という意味ですね。」
「そうだ。だから諸君、ラベルのどこかに『大吟』とコンビで書いてあったら『オープン・ユア・ビッグ・マウス・ナウ』だ！」

おあとがよろしいようで。

（念のため補足しますと、日本酒講座ですからメインの部分で精米の話はしています。精米歩合は数字でラベルに表示されています。その上でのサバイバル日本語講座でした）

第八章

国際ビジネスの現場における「日本酒のトリセツ」

1 日本酒を買う

ここでは「海外出張に行く前に、現地でお世話になる外国人への手土産として日本酒を買う」というシナリオを想定して、私の経験をベースにお話しします。

相手国の免税枠を確認する

ネットで国名と「酒類」「免税」で検索すれば入国時の免税枠が出てきます。ただし、それを超過した場合に、堂々と申告して関税を払えば持ち込めるのか、その場合はいくらか、あるいは免税枠以外は持ち込み禁止なのか、その場合は没収で済むのか処罰されるのか、その辺になると途端に情報が少なくなります。そもそも免税枠は個人的消費が想定されているので、たくさん持ち込もうとすると商売目的かと疑われます。

ここは失敗すると大変なので、多めに持ち込みたい場合は、決して「どうせ見つからない」

と甘く考えずに、現地の駐在員よりも旅行代理店、できれば相手国の大使館に確認してください。もし明確な情報が得られなければ免税枠の範囲内に収めましょう。

実店舗で買う

酒屋やデパートでは実物を確認しながら選べますし、迷ったときには店員に相談することもできます。訪日外国人客が多く立ち寄る店では、店員が「その国の人はこのような製品を好む人が多い」といった最新の売れ筋を教えてくれることもあります。

贈答用に包装してもらうことも可能です。環境問題に敏感な外国人からは時として過剰包装と批判されますが、丁寧な包装におもてなしの心を感じて感激する外国人も多いです。もし現地に駐在員がいる場合は、どちらの方が得策か現地事情を尋ねてみるのも一案です。

ネット通販で買う

ネット通販では自分が知らない製品を手にとって選ぶことができないのが不安ですが、選択肢の幅が広く、遠隔地の酒蔵の製品を調達することが可能です。また、宅配用に梱包された状態で配達されるので、そのまま海外に持参できることも多いのが利点です。

贈答用の包装をしてくれるネット店舗もありますが、もし包装に対応していない場合は、配達された後で自分で包装する必要があります。最近は文房具屋や雑貨店でボトル用のきれいな手提げ紙袋を購入できるので、これだけでも贈答用の包装として機能します。

出国時に免税店で買う

空港の免税店で日本酒を購入すれば楽ですし、いかにも外国人が喜びそうなデザインの製品が多いです。液体には機内持込制限がありますが、免税店で購入すれば専用の袋に入れられ、そのまま機内に持ち込めます。

ただし、直行便ではない場合、乗り継ぎ便への持ち込みを断られてしまうことがあります。また、免税店に予算に合った魅力的な製品がない場合や、空港到着から出国手続までに時間がかかって免税店に立ち寄る時間がなくなった場合などさまざまなリスクがあります。日本酒をメインの手土産にするのであれば事前購入して預け荷物にすることをお勧めします。日本国内で別途手土産を調達済みで、酒類を買っていない場合には、免税店で追加の手土産を衝動買いするのも一案です。

海外の酒屋で買う

最近は海外でも大きなワインショップや日本食材スーパーに行けば日本酒が買える都市が増えました。現地で買えば輸送費や関税などで日本より割高ですし、日本で買うよりも品揃えは少ないですが、免税枠を気にすることなく買えますし、梱包や持ち運びは楽になります。また、外国人が日本酒を気に入ってくれた場合に、現地で引き続き自分で買って愛飲できるというのは非常に大きなメリットです。

事前にネットで検索するか現地の駐在員に尋ねるかして、現地にどんな店がありどんな製品がいくらくらいで売られているかを確認することをお勧めします。

会計手続を忘れずに

自分のポケットマネーで買う分には構いませんが、もし経費で購入するのであれば「領収書の形式は」「現地購入でもよいのか、その場合為替レートはどう処理するか」等々、会計担当者にしっかり確認しておきましょう。

２ 海外に持ち運ぶ

日本酒を国際線の預け荷物にする場合には厳重な梱包が必要になります。日本酒の容器の材質は梱包との関係で重要な論点なので、ガラス瓶以外にどのようなものがあるかを確認しておきます。

日本酒のさまざまな容器

①紙パック

割れない、軽い、万一破れても（液漏れはしますが）周囲を損傷しない、光を通さない等々、実は非常に優秀です。紙パックには高級感がないので贈答品としては厳しいですが、最近は高品質の日本酒を紙パックに詰めている酒蔵も増えています。

②アルミ缶、アルミボトル

割れない、軽い、光を通さない等々、ガラス瓶よりも便利です。最近はオシャレなデザインのアルミ缶や、スタイリッシュなデザインのアルミボトルの製品も増えてきました。ガラス瓶の高級感には及びませんが、カジュアルな手土産には十分使えます。

③ペットボトル

日本酒の劣化を抑える特殊加工のペットボトルが実用化されています。強度的にはそのままスーツケースに放り込んでもよいレベルですが、まだ知名度や普及度は高くなく、高級感については「ガラス瓶より斬新」と感じる人も「スポーツドリンクみたい」と感じる人もいます。さまざまな銘柄がさまざまな場所で買えるようになることを期待しています。

④パウチパック

紙パックの長所を兼ね備え、さらに丈夫でもあり、処分も楽で、実は日本酒容器として最強かもしれません。しかし、詰め替え用洗剤のような外観には高級感はありません。手渡しせずに台所で酒器に注いで食卓でおもてなしするような場合には活用できそうです。

日本酒を梱包する五つの目的

私にとって梱包の目的は五つあります。重要度の高い順に挙げます。

①容器の破損を防ぐ

②万一容器が破損した際に破片の飛散を防ぐ

③万一容器が破損した際に日本酒を吸収する

④容器の温度変化を抑える

⑤容器の汚れを防ぐ

これらの目的を意識しつつ、「できるだけ軽く」「できるだけスリムに」「できるだけ安価に」「できるだけ入手しやすいもので」梱包する方法を追求します。

日本酒の梱包素材

これまでに私が実際に試してみた方法をお話しします。感想はあくまでも私の個人的体験に基づくものであり、航空会社や空港によっては手荒な扱いをすることがあるかもしれないので結果の保証はできないことをご了承ください。

①ボトル専用の段ボール箱

日本酒をネットで買うと段ボール箱で配達されます。ボトル宅配専用の箱は箱代有料の場合が多いですが、箱の内部でボトルが揺れないよう割れないよう上手に保持されています。宅配業者の営業所、梱包資材店や一部の雑貨店でも販売しています。

一般の段ボール箱は、箱代無料の場合が多いですが、箱の中でボトルがガタつく場合があり、何らかの緩衝材で内部を埋める必要があります。また、サイズ違いの箱を切り貼りした手作り梱包だったりすると、そのままでは強度に不安な場合があります。

②ボトル専用の発泡スチロール箱

ボトルの形にくりぬかれた箱です。クッション性といい断熱性といい軽さといい申し分ありませんが、販売店を探すよりもネット購入した方が楽かもしれません。以前はワイン専用の箱だったので、日本酒の瓶はメーカーによっては（胴回りが太いなど）微妙にサイズが合わずに苦労した思い出がありますが、ワインと日本酒の兼用製品も増えました。

最大の短所はかさばることです。段ボール箱と違って折り畳みもできません。現地で使い捨てにするにも持ち帰るにも不便です。出張先がワインの産地で、往路に日本酒を、復路にワインを詰めて往来するビジネスマンには最適の選択肢です。発泡スチロールのまま預けると表面が傷むので、再利用を前提に使う場合は段ボール箱やバッグに入れた状態で預けることをお勧めします。

③ボトル専用の風船式クッション

細長い風船を数本束ねたような形状です。使い捨ての製品も再利用可能な製品もあります。すでに空気が入っている使い捨ての製品は、スタイリッシュですが市販の一般的な緩衝材の方が安上がりです。頻繁に利用する人は再利用可能な製品がお得ですが、海外ワインの持ち帰りなど復路でも利用する場合には空気入れも携行する必要が生じたりします。いずれもワイン用品店以外ではあまり見かけませんし、日本酒の瓶に合わない製品があるかもしれないので確認してください。

④市販の緩衝材

一番手軽なのは気泡緩衝材、いわゆるプチプチです。ボトル専用の封筒タイプもありますが、これでは海外への移動には強度が足りません。スポーツタオル大に切ったシートでボトルを太巻きのように巻いていくのが安価で簡単です。私はボトルの直径が二倍になる太さを目安にしています。これを段ボール箱に入れるかスーツケースに収めます。

他にもフワフワのシートや風船状のものや繭のようなものなどさまざまな緩衝材がありま す。手元に配達済の素材があれば再活用できます。新たに調達するなら、安価で多目的に使え、使い捨てても再利用もできるプチプチが便利です。ホームセンターや雑貨店で買えます。

⑤さまざまな自作ケース

頻繁に利用する人は再利用可能なケースを自作する方が環境にも優しく安上がりです。百円均一ショップなどで、プラスチックの道具箱とスポンジを購入し、日本酒専用ケースを自作する例が知られています。機能的にも優れており、日本酒愛好家としての満足感と愛着を高めるグッズです。ただし、ケースごと外国人にプレゼントするには高級感がありませんし、持ち帰ろうにも折り畳みができません。復路に海外ワインを持ち帰る人には便利ですが、そうでなければ海外土産を収納できるはずのスペースが空ケースで埋まります。

自作ケースは身近にある素材で自分のスタイルに合ったものを工夫できるのが楽しいです。なお私が世界各地で調達しては愛用している秘密道具をコラムで紹介しています。

日本酒を空港で預ける

空港のチェックイン時に「壊れやすいものはありますか」と尋ねられます。尋ねられなくても「日本酒が何本入っている」と口頭で申告しましょう。きちんと梱包しているか確認され、梱包不十分で破損しても自己責任であることを確認されたり、荷物タグに確認のサインを求められたりしますが、取扱注意のシールを貼って預かってもらえます。

この手間を面倒がって省くと、預けた後のX線検査で怪しまれる可能性があります。館内放送でチェックインカウンターに呼び戻されて事情聴取されたり、検査室に出頭して開封確認を求められる可能性もあり、面倒どころか出発前の空港内での貴重な時間がごっそり奪われます。空港関係者の負担も増やしてしまいます。なお私が国内線で館内呼び出しを受けた話をコラムで紹介しています。

日本酒を持って税関を通る

持ち込む酒類が免税枠内であり、必要書類に正しく記入してあれば、普通に入国できます。免税枠を超える酒類を持ち込んでいる場合は、必要書類に正しく記入した上で、税関検査を受けます。

私は、海外でワインを買って日本に持ち帰る場合を含め、税関検査を受ける際には、あらかじめ荷造りの時点で梱包前と梱包後のボトルの写真をスマホで撮影しています。書類を提出しながらスマホの写真を見せると、正直者と思ってもらえるのか、係員への説得力が増します。「どうせチェックされない」と甘く考えずに必要な場合は正直に申告しましょう。

コラム

私の秘密道具は「食品ラップと紙おむつ」

私は海外から日本にワインを持ち帰る際の秘密道具に「食品ラップと紙おむつ」を活用しています。日本から海外に日本酒を持ち出す際にも、専用の梱包材が手元にあれば使いますが、なければ日本酒も「食品ラップと紙おむつ」で梱包します。

①ボトルをラップで包む

ラップをボトルの上下方向に二周させて包みます。これは主に「万一容器が破損した際に破片の飛散を防ぐ」目的です。「容器の汚れを防ぐ」目的もあります。未使用の紙おむつは清潔ですが、精神的に抵抗感があるという人もラップを介することで安心できます。

②紙おむつで包む

最近の紙おむつはパンツ型のものが多いです。これを二枚、上下から互い違いに履かせます。これは「容器の破損を防ぐ」と同時に「万一容器が破損した際に日本酒を吸収する」目的を兼ねています。二枚あれば四合瓶（七二〇ミリリットル）丸ごと吸収できるでしょう。

③紙おむつの上から再びラップで包む

改めて全体をボトルの上下方向に二周させて包みます。これは紙おむつを固定すると同時に万一の場合に周囲の荷物を濡らさないためです。この状態で他の荷物と一緒にスーツケースに入れます。

私がこの方法を愛用するようになったのは、海外でワインを衝動買いした際に現地のスーパーで入手できるもので梱包する必要に迫られたことがきっかけです。食品ラップと紙おむつは世界各地で現地調達でき、機能的にも条件を満たしています。梱包や開梱に刃物が不要というのも海外出張中のビジネスマンには便利です。

日本から日本酒を持ち出す際には、紙おむつ以外に「ペットシーツ」も重宝します。四角形のシートなので取り扱いも楽です。吸水量は一枚で十分ですが、薄手の製品が多くクッション性が不安な場合は二〜三枚重ねて使うこともあります。

コラム

空港で日本酒を預けたら館内放送で呼び出された話

私は国際線で引っかかったことはありませんが、北九州への帰省を終えて東京に戻る国内線で、地元の日本酒を六本預けた後に館内放送で呼び出されたことがあります。

チェックイン時に段ボール箱を預けながら「お酒が六本入っています」と口頭で申告し、所定の手続きを経て無事に預かってもらいました。出発前に地元ラーメンの食べ納めをしようとレストラン階に向かったところで、館内放送で私の名前が呼ばれました。実名を放送されると動揺します。でもラーメンを注文する前でよかった。慌ててチェックインカウンターに戻りました。

何事かと思ったら、国内線には二四％を超えるアルコールを五リットル以上預けられないという危険物ルールがあるのだそうです。しかし、日本酒のアルコール度は普通一五％程度ですし、そもそも酒税法で日本酒のアルコール度は二二％未満と決められているので、この危険物ルールに引っかかる余地はありません。……あ、しまった。

記憶を巻き戻すと、私は「お酒が六本入っています」と口頭で申告しました。私は単に「酒類です」という意味で「お酒です」と言ったのですが、九州南部では「お酒」と言えば焼酎だったりします。もしこの「お酒」がアルコール度二五%の焼酎九〇〇ミリリットル瓶だったら、六本で五リットルを超えるので、この危険物ルールに引っかかります。そこで、
保安検査係「この荷物、タグに『お酒』って書いてるけど、日本酒？焼酎？」

搭乗手続係「え、お客様は『お酒です』って言ってましたけど……」

保安検査係「もう、そこ大事だからちゃんと確認してよ。しょうがないな、お客様呼び戻して中身確認して」

みたいなやりとりがあったのではないかと想像します。さすが九州の空港。

カウンターに出頭した私は、そのルールの存在を知り「それだったら、日本酒の四合瓶が六本なので二重に大丈夫です」と言ったのですが、係員は律儀に開封して確認したいそうで

す。せっかく梱包したのに、と思った私は、「日本酒だから二四％は超えないんです」「四合瓶は七二〇ミリリットルだから六本でも五リットルは超えないんです」と説明を試みるも理解してもらえず、結局開封される羽目になりました。

開封した後も、係員はラベルの表示を見ながら「え、『六〇％』？」と顔を曇らせるので、私は彼女をなだめるように、

「いえいえ、これは精米歩合といって、米の表面を削って中心部の六〇％を使っていますという意味なんです。アルコール度は、ほら、こっち、『一五度』と書いてあります。日本酒のアルコール度は普通『％』じゃなくて『アルコール分 何度』で表示するんです……」

最後は空港で日本酒講座になってしまいました。

国際線にも通じる教訓は次の三点です。

①酒類持ち込みのルールは事前にウェブサイトなどで確認しましょう。
②チェックインカウンターでは「お酒」ではなく種類と本数を具体的に申告しましょう。
③空港には余裕をもって到着しましょう（ラーメンを食べ損ねた恨みではありません）。

3 自宅で保管する

訪日外国人が日本酒を買って外国に持ち帰る際、あるいは自分が海外に日本酒を持参して外国人へのプレゼントにする際、日本酒の保管方法について尋ねられることがあります。

日本酒に消費期限はない

日本酒は一定のアルコールを有しているので、常温で保管していても、開栓前に腐る、つまり食中毒菌が繁殖して健康に害を及ぼすことはなく、消費期限の設定はありません。ただしラベルに要冷蔵や早期消費の指定があるものは酒蔵の意向を尊重してください。

日本酒に賞味期限はない

日本酒は腐りはしませんが、風味は時間の経過に伴い変化します。この変化を好む人はこれを熟成と呼びます。ワインは適度な熟成が好まれますが、日本酒は新酒を好む人も熟成酒を好む人もいます。一定期間を過ぎると一律に風味を楽しめなくなるという性質のものではないので、日本酒には賞味期限は設定されていません。

日本酒は嗜好品であり風味の好みは人それぞれですが、新酒を好み熟成酒を好まない人には、変化の速度は関心事項です。新酒を好む人の味覚のストライクゾーンからボールになるのが、三カ月後なのか、半年後なのか。それは各人の味覚のみならず保管環境や個々の製品の酒質により異なります。

開栓前の日本酒保管の留意点

①風味は「温度」×「時間」で変化する

風味の変化は、温度が高いほど速く進みます。温度が低くても年月が経てば変化は進みます。新酒の風味を好む人にとっては温度は低い方がよいので冷蔵庫に保管しましょう。熟成の風味を好む人は室温でも構いません。

②風味の変化が速い酒、遅い酒がある

熟成の過程でカラメルや奈良漬けのような色と匂いが生じますが、これは糖とアミノ酸の反応なので、これらが多い製品は同じ温度でも変化が速く進みます。辛口よりも甘口の日本酒の方が糖が多いので変化が速いです。精米歩合の数字が大きな日本酒は味の成分であるアミノ酸が多いので変化が速いです。副原料のアルコールを加えていない純米酒や加水していない原酒は変化する成分が薄まっていないので変化が速いです。

③紫外線は日本酒保管の大敵

直射日光に当たると日本酒は短時間で風味が劣化します。茶色や深緑色の瓶は比較的安全ですが、透明瓶や青色瓶は室内でも明るい場所は避けましょう。冷蔵庫や押し入れなどの暗い場所で保管する、新聞紙で包む、紙箱に入れるなどの工夫が必要です。

④冷蔵庫は良いが冷凍庫は不可

新酒の風味を好む人にとっては、冷蔵庫は暗くて温度が低いので保管環境として最適です。私は長らく家族から「おとうさん、そこは『野菜庫』なんだからね」とのプレッシャーを受けながら日本酒を保管していましたが、数年越しの根回しの結果、氷温設定もできる小型冷蔵庫の購入を認めてもらいました。酒蔵では、変化させたくない製品はマイナス五℃で保管することが多いです。これ以上温度を下げると酒が凍る際に膨張して瓶が割れてしまうので、マイナス二〇℃近くまで下がる冷凍庫に入れてはいけません。

⑤ワインと違って振動や縦横は気にしない

高級ワインを何年間も保管する人は振動の少ない専用の冷蔵庫を使います。これは赤ワインの澱を沈殿させるためです。日本酒の場合は冷蔵庫の振動にワインのように神経質になる必要はありません。高級ワインはコルク栓の乾燥を防ぐために横に寝かせて保管しますが、日本酒は縦でも横でも構いません。

開栓後の日本酒保管の留意点

①日本酒はワインのような酸化はしない

ワインの世界では「時間が経つと酸化する」とか「堅いワインはデキャンターに入れて開かせる」などと言います。赤ワインのポリフェノールが分単位で酸化すると言われてもピンときませんが、むいたリンゴが茶色くなる様子をイメージすれば、ポリフェノールが分単位で酸化して風味が変わることをイメージできます。

日本酒の場合、ポリフェノールは微量であり、ワインのような分単位の酸化を心配する必要はありません。

②日本酒が空気に触れると風味が変わる

日本酒が空気に触れると、香り成分が空気中に逃げていきます。香りの変化は味の感じ方にも大きな影響を及ぼします。しぼりたての新酒のように香り成分に満ちている日本酒であれば、時間が経つと香り成分が逃げて鮮烈さが薄れるという意味で風味が変わります。炭酸飲料をイメージすると分かりやすいと思います。時間が経つと気が抜けます。少量飲んで密閉すればあまり気が抜けませんが、瓶の半分以上飲んだら密閉しても瓶の空き空間が大きいので気が抜けます。

新酒の風味が好きな人は開栓直後が一番おいしい瞬間ですが、熟成酒とまではいかなくても落ち着いた風味が好きな人の中には、開栓直後よりも開栓して数日経った方がおいしいという人もいます。

③風味の変化が速い酒、遅い酒

香りを楽しむ日本酒、特に精米歩合の数字の小さな日本酒、新酒やしぼりたてで瓶詰めした日本酒、加熱処理をしていない生酒などは、開栓後の風味の変化が速いので、冷蔵庫に保管して早めに飲みきった方が風味を楽しめます。

私はお酒を味わうのは好きですがアルコールには弱いので、晩酌に少しずつ飲み、開栓した週の週末またはその次の週末に飲み終わることが多いです。これは各人の酒量とストライクゾーンの広さ次第です。伝統的な製法で造った日本酒は風味が変化しにくいと言われますが、幸か不幸か風味が変わってしまったと感じる前にいつも飲み終わっています。

④空気対策（脱気栓、ガス）

ワインショップには、飲みかけのボトル内の空気を抜く器具が売られています。空気中の酸素との接触は減りますが、新酒やしぼりたての日本酒の風味が好きな人にとっては、お酒に溶け込んでいる香り成分を空気中に吸い出すという点で逆効果かもしれません。

ワインショップには、空気より重く食品に影響しないガスを封入する小型ボンベを売っていることもあります。ワインの場合は酸素を遮断することを意識しているので一案だと思いますが、日本酒の場合、香り成分の散逸を防ぐ効果は限定的かもしれません。

⑤空気対策（移し替え）

開栓後の飲み残しを自分用にとっておく場合、空気対策の器具を買うより小瓶に移し替える方が簡単です。瓶の満量近くまで入れておけば香り成分の散逸も最小限に抑えられます。

ただし、いつ何を入れたかメモを貼り付けておかないと後で分からなくなります。

④手土産として持参する

日本酒をビジネスツールとして活用するシーンの中で、手軽に実践できるのでお勧めしたいのは、手土産として持参することです。次のようにさまざまな利点が挙げられます。

①活用機会が多い

先方が日本に出張したり、自分が海外出張するのはよい機会です。自分が海外に駐在している時や先方が日本に駐在している時にも、先方に招待された際や、先方のお祝い事や記念日など、機会は探せば意外に多く見つけることができます。

②先方の負担が少ない

レストランや自宅に外国人を招待すると、先方は日程調整して来場する必要があります。

プレゼントであれば先方は受け取るだけです（ただし、先方がプレゼントを交換するスタイルを好む場合には事前に調整する必要があります）。

③話題を事前準備できる

日本酒をプレゼントすると「これはどういう酒か」「どうやって飲むのか」等々の質問を受けるので、場を盛り上げる話のタネとして活用できます。レストランでメニューを見ながら日本酒を注文する場合と異なり、事前に日本酒を買う時点で話題性の高いものを選ぶこともでき、当日までに酒蔵のウェブサイトなどで予習して説明の準備をすることも可能です。外国人とのコミュニケーションに苦手意識を持っている人にもお勧めです。

④酒に強くなくても活用できる

日本酒を手土産やプレゼントとして活用する場合、受け取った相手がいきなりその場で開けて飲むことは少ないので、自分自身が酒に強くなくても活用可能です。ただし先方の自宅での会食に招かれた場合には、先方がその場で開けてよいか尋ねてくることがあるので、あらかじめ対応を考えておく必要があります。

⑤先方にも便利

先方にとっても、その場で飲む必要がなければ、後で自分の都合がよい時に飲めばよいですし、場合によっては他の人にお裾分けすることも可能です。先方にとっても使い勝手が良いです。

⑥相手の記憶に残る

レストランや自宅で日本酒をふるまっても相手の記憶はその日限りです。相手に日本酒をプレゼントすれば、それを飲むまで先方の手元にとどまります。見た目がかわいい、あるいは日本情緒の高いラベルやボトルの場合、先方が空き瓶を部屋に飾る可能性もあります。プレゼントしたものが相手の記憶に長くとどまるのは人脈構築の観点からも有意義です。

日本酒を手土産として持参する際の留意点や助言を挙げるとすれば次の通りです。これらは私の体験によるものなので、実際には自分と相手との関係性によりさまざまな状況が考えられます。該当する部分を参考にしてください。

①日本酒を買う際には話題性を重視する

先方にプレゼントする場合、その場で飲まれる可能性は低いですし、仮にその場で飲まれるとしても、酒質に合った料理と一緒に飲まれる可能性は低いです。したがって、酒質を重視して選ぶよりも話題性を重視して選んだ方がツールとしては効果的です。手渡しながらその酒をめぐって話が盛り上がることが一番です。先方に縁のある日本の地方が分かっていれば、その地方の銘柄を持参するのが無難ですし、相手とのビジネスとの関係で何らかのメッセージ性のある銘柄やデザインの製品があればなお良いです。

②先方が流行好きな場合は掲載誌と一緒に持参する

特に東アジアや東南アジアの人の中には、日本でいま人気がある銘柄を好む人がいます。流行の最先端を周囲の人よりもいち早く体験したいという気持ちは日本人にも理解できます。相手がそういう人だと分かっている場合には、相手が日本語が読めなくても構わないので、持参する日本酒が掲載されている雑誌やマンガなどを一緒にプレゼントすると、先方の満足感が倍増します。これはコスパが高いです。

③その場で開けられる可能性がある場合には冷やしておく

先方の自宅での食事に招かれた際に手土産として日本酒を持参すると、相手によってはそれを早速食事の席で開けて一緒に飲むことを提案される可能性もあります。その可能性がある場合には、酒質にもよりますが、あらかじめ冷やしたものを持参する方がよい場合もあります。「冷やして持参するとはお前が今飲みたいのか」と勘ぐる人はいないと思います。

④常温で飾られる可能性がある場合

日本の家庭でも百科事典や洋酒を戸棚に飾るのがステータスシンボルだった時代がありました。プレゼントした日本酒がすぐに飲まれず冷蔵庫にも入れられず部屋に飾られる可能性がある場合には、日本酒でなく焼酎やジャパニーズウイスキーを持参する手もありますが、日本酒でも常温熟成に適した純米酒を選ぶか、最初から熟成酒をプレゼントするか、あるいは飾られることを前提にしたデザイン性の高いボトルやラベルの製品を持参することをお勧めします。

ありふれた安価な製品をプレゼントして、それを有り難がって部屋に飾られてしまうと、今後その外国人を他の日本人も訪問するであろうことを考えると、先方にとってもあなた自身にとっても気まずいことになる可能性があります。その点は気をつけてください。

5 レストランで注文する

レストランでの会食に外国人を招待すると、夕食の場合は先方の時間を二時間近く独占できます。日本酒の話も交えつつビジネスの話をすることもできますし、ビジネスの話を交えつつ日本酒の話をすることもできます。私はレストランでの会食で日本酒を注文する際には次の点を心がけています。

①先に到着する

会食で使うレストランは単なる飲食店ではなく自分の自宅の食卓と台所をアウトソーシングしていると考えましょう。待ち合わせではなく主人が来客を迎えるのが当然です。先に下座側で待機していないと、来客は到着時に自発的に上座に座るわけにもいきません。

日本酒の観点から先に到着するべき理由は、先にメニューをよく読んで、何を注文するか考えておく必要があるからです。事前にメニューを把握している場合も、当日にたまたま品切れになっていないか店員に確認しておく必要があります。

もし相手が日本酒好きなことが分かっていて、主催者が仕切ることで問題ないのであれば、どのタイミングで何を出すかまで含めて来客の到着前に注文しておくのも一案です。

②着席する

事前に座席表を作るような会食でない場合でも席次は頭の中で意識しておきます。外国人が主賓の場合は、日本的には下座の方が外の眺めが良い場合は、眺めが良い方を上座と解釈する場合もあります。その場合は着席を促す際に「こちらの方が眺めが良いですよ」と語るなど、今回は眺め重視のプロトコルであることをさりげなく明示します。

③乾杯酒を注文する

着席し挨拶が済んだら、自動的に乾杯酒が出るよう注文済みでなければ、このタイミングで乾杯酒を注文します。私は、先方がお酒を飲む人であれば、いささか強引ですが、「最初の乾杯は日本酒でよろしいですか。もし口に合わなければ二杯目からはビールでもワインでもお好きなものを頼んで構いませんので」と、一口は日本酒を体験してもらうように勧めています。日本人のように「とりあえずビール」という固定観念を持っている外国人は少ないですので、大抵はうまくいきますが、もし先方が別の酒類を希望する場合は無理強いせず希望を尊重しましょう。

④乾杯する

注文してから酒が出てくるまでの待ち時間は、乾杯酒に何を注文したかを契機に日本酒の話をする絶好の時間帯です。いったん世間話や仕事の話になっても、酒が出てきた時点で再び日本酒の話に戻る機会が訪れます。

日本酒の出し方は「店員が日本酒の注がれたグラスを配る」「店員が各人のお猪口に注ぐ」「店員は注がず酒器を置いていく」のいずれかです。店員が注がない場合は、注ぎ合いという日本の飲酒文化を体験してもらうのも一興です。先方が面白がってくれれば客に注がせるのも失礼ではありません。

なお日本語の「無礼講」とは、外国人に分かりやすく言えば「日本の酒席ではプロトコル・オーダー（儀礼の序列）を解除して目上も目下も関係なく酒を注ぎ合うのだ」という意味であり、決して飲酒マナー（礼儀）を解除するという意味ではないので念のため。

⑤二杯目以降を注文する

日本人は宴会の席では同じものをお代わりして飲み続けることが多いですが、外国人をもてなす場合には、できる限りさまざまな日本酒を体験していただきましょう。日本酒にもさまざまな風味のものがあると知っていただければ嬉しいですし、一つでも気に入って銘柄を覚えてもらえればなお嬉しいです。単にいろいろ飲ませるのではなく、その都度、これがどんな酒か、少なくとも銘柄名とどの地方の酒蔵かは説明しましょう。
日本酒に詳しい店員がいる場合は、追加注文の都度、その時の料理に合う日本酒を見繕って出してもらったり、ついでにお酒の説明もしてもらう（主催者側が通訳する）ことも可能だと思います。ただし店員も忙しいはずなので、その場で無茶振りするのではなく、下見の時点あるいは到着時に、主賓が外国人であることを伝えた上で、どこまで対応可能か相談することをお勧めします。あるいはレストラン選びの時点でそういう対応をしてくれる店を選びましょう。

コラム

レストランを選ぶ

ビジネスの会食、特に外国人との会食のためにレストランを選ぶ際には、私は国内でも海外でも、次の七点に気をつけています。

①定評のある店か、あるいは自分が実際に利用して気に入っている店か

定評のある店はすでに先方も訪問したことがあったり、他の人が連れて行ったことがある可能性があります。開店したばかりの店や、普通は接待に使わないようなカジュアルな店はハイリスク・ハイリターンですが、自分が実際に利用して気に入ればB級グルメでもチェーン店でも躊躇なく使います。

②日本酒の品揃えは豊富か、あるいは酒類の持ち込みが可能か

日本酒を重視しているので、もちろん品揃えが豊富な方がよいですが、下手に品揃えを増やして在庫管理が甘くなるよりは、少数精鋭の銘柄を回転よく出す店も重宝します。

もし持ち込み料を払えば持ち込みを認める店であれば、日本酒の自由度は大きくなります。ただしそれは「店の品揃えを気にしなくてよい」からではなく、店の品揃えに加えてプレゼント的に開ける「プラスワン」が使えるからです。

③飲食込みで予算の範囲内に収まるか

ビジネスの会食であればこれが最初の考慮事項かもしれません。日本の居酒屋だと飲み放題付きコースがあるので総額をあらかじめ確定できますが、アラカルトで注文すると、油断しているとすぐに飲料代で予算をオーバーしてしまいます。接待していて「済みません予算の都合でお酒はこれが最後の一杯です」と言うわけにもいきません。後から理由書を書いて事後承認してもらうのか、伝票を分けてもらって超過分は自腹にするのか、そもそもそういうリスクのある店は選択すべきでないのか、事前に詰めておく必要があります。

④個室または静かな席が確保できるか

訪日外国人をあえてガード下の居酒屋やカウンター一つの小料理屋に連れて行くような状況もありますが、一般的には会話に専念できる個室が必要です。席上でビジネスの話をする場合はなおさらです。

⑤先方にとって交通の便は良いか

日本であれば会食の後にタクシーで帰る選択肢がありますが、先方の滞在先が分かっていれば、そこへの交通手段がよいかを考慮する必要があります。もし滞在先を尋ねるのが失礼に当たる際には、用務先の近くあるいはその都市の代表的な繁華街が無難です。

海外では、都市によっては自家用車での移動が基本なので飲酒を伴う会食には出ないという人が多い場合もあります。飲んだ後に先方と自分がどう安全に帰宅するかもあらかじめ検討する必要があります。

⑥座敷かテーブル席か

靴を脱ぐことに抵抗感のある外国人は多いので要注意です。また大抵の外国人は座敷に長時間座ることを苦痛に感じるので、掘りごたつ式でなければ避ける方が無難です。

⑦日本酒に詳しい店員がいるか

店員が詳しい場合は日本酒の注文に際して助言を得ることもお任せで注文することもできます。自分で外国人に日本酒の説明ができればよいですが、いざとなればお店の人に日本酒の説明をしてもらって主催者側で通訳するという手もあります。

また、できる限り予約前に下見に行くか予約後に打ち合わせに行くことをお勧めします。私は、自分で使ってみて「他の人も連れてきたい」と思った店でないと他の人は安心して誘えません。下見の際には次の四点を意識しています。

①本番と同じでなくてもよいので実際に何か注文する

下見には自腹で行くという現実もあり、常に本番と同じ飲食をするわけではありません。料理の下見というより店と店員の雰囲気を下見するという意識で行きます。清潔度も騒々しさも日本酒の保管状況も、ネットの写真や口コミからでは分かりません。店のメニューやサービスについて確認したいことがある場合にも、電話や電子メールで尋ねるよりも、利用している客として尋ねた方がその場で本気の答えをいただくことができます。

②自分が飲んだことがある日本酒を注文する

ランチで下見に来た場合には日本酒は注文できないかもしれませんが、注文する場合には、自分が飲んだことがあるものがあればそれを選びます。きき酒をする必要はなく、確認する程度です。どんな酒器でどんな温度でどんな分量で出てくるかの予習にもなります。もし飲んだことがあるものがなければ、その店の一番の定番を試してみましょう。

③下見に行ってその場で予約して打ち合わせができれば好都合

利用したい日時がすでに決まっていれば、まず電話で予約をした後に個人客として利用し、予約したものですと名乗って詳細を尋ねる、というのが普通の手順です。ただし当方で日時を選択する余地がある場合には、予約したい店を個人客として利用し、気に入ったら最後に名乗って、空いている日時にその場で予約を入れるという手順の方が私は好きです。もし利用してみて気に入らない場合にはそのまま名乗らず予約せず黙って帰ればよいので。

④メニューにある銘柄は本番前に予習する

本番当日に注文することを考えている銘柄はもちろん、メニューにあったり店内に瓶が飾ってあったりポスターが貼ってあったりする銘柄については、どこの都道府県の酒蔵か程度は事前にネット検索して予習しておくと、当日話題になっても慌てないで済みます。

⑥レセプションで提供する

訪日外国人の一行を歓迎するとき、会議やイベントの前夜または終了後、あるいは何かの記念日や祝賀行事など、ホテルの宴会場や会議場で立食式のレセプションを開催することがあります。多くの人に日本酒を口にしてもらう良い機会である反面、一人一人とじっくり話す機会がないため、要領が悪いと日本酒があることすら気づかれないまま終わってしまうので、企画の段階から準備に関与していく必要があります。

立食用の飲料メニューに日本酒を加える

飲料メニューは会場により異なりますが、日本国内でも日本酒は入っていなかったり、入っていても大手の定番酒ということが多いです。銘柄にこだわると、別料金で注文するか、持ち込み料を払って主催者側で持ち込むことになります。

融通の利く会場と利かない会場、持ち込み料が高額になる会場などさまざまですが、レセプションの会場をどこにするか検討する際には、イベント全体の成功が最優先で、日本酒よりも優先的な考慮事項がたくさんあると思います。もしあなたが日本酒を活用する立場にいるなら、イベント全体に深く参画するか、あるいは深く参画する人たちに日本酒の重要性を吹き込んで回る必要があります。日本酒も会場の盛り上げや広報効果に貢献する重要な要素であると関係者が認識することが鍵です。

日本酒で乾杯する

日本酒で乾杯するからには説明が必要です。乾杯の音頭をとる人が日本酒に理解の深い方、あるいは主催者の意向に乗ってくれる方であれば、その部分の原稿を書いてお渡しすることが一番です。乾杯の音頭をとる人に紹介をお願いできない場合は、司会者に依頼して乾杯酒の紹介をアナウンスしてもらいます。

いったん乾杯をしてしまうと客は歓談と食事を始めてしまい、後から「この日本酒は……」とアナウンスしても聞いてもらえないので、アナウンスは乾杯前に行いましょう。

壇上で鏡開きをする

外国人には「西洋のテープカットに相当する日本の伝統的なオープニング儀式です」と説明すると理解してもらえます。外国人の代表者にも参加してもらうことで場が盛り上がりますが、本人または通訳に予告して手順を説明しておかないと壇上で混乱します。日本国内で酒蔵とコラボしているイベントであれば酒蔵から本物の樽を借りることもできますが、一般的には会場に鏡開きセットがあるか、外部からレンタルします。

イベントの趣旨に合った銘柄を選ぶ

何らかの形でイベントの趣旨に関係のある銘柄を選ぶことができれば日本酒を活用する上でも有意義です。私が地方都市で開催された国際シンポジウムの準備に携わった際には、テーマに関連するストーリーのある地元の酒蔵の日本酒を出すことを心がけました。

酒蔵に趣旨を説明し、蔵元ご本人に来場いただいて乾杯酒の紹介をしてもらったこともあります。蔵元にはご足労をおかけしてしまいましたが、海外からのお客様に「こういう酒蔵もあるのだ」と知っていただき「日本酒は単なるアルコール飲料ではない」と理解していただく上で大きな力になってくださいました。

酒蔵の方は特に冬季は酒造りに専念しているので配慮が必要です。また「飲んで応援」するのであって「酒蔵にとってもPRになるので無料で提供して」といった上から目線の発想にならないよう注意が必要です。

準備時間に余裕があれば、オリジナルラベルの日本酒作成も話題性を生み出せます。

ノンアルコールドリンクも乾杯酒に準じた気配りで選ぶ

飲まない人、飲めない人に「オレンジジュースかウーロン茶」という応対は当事者を不快にさせるか疎外感を与えます。特に乾杯酒にこだわる場合は、ノンアルコールドリンクについても、乾杯酒と併せて紹介できる乾杯ドリンクを同じ情熱をもって探しましょう。

麹甘酒はノンアルコールです。地元産の果物ジュースがあればお勧めです。地元の日本茶があれば緑茶でもストーリー性があります。麦茶も日本的なノンアル飲料の選択肢です。

7 自宅でふるまう

日本の一般家庭で、ビジネス相手、ましてや外国人を自宅に招待できる人は少ないと思います。それだけに、外国人を自宅に招待できれば強い印象を与えることができ、人脈を深める観点からも極めて効果的です。

都市部の狭いマンションであっても、予算があれば出張ケータリングを頼んだり、あるいはカジュアルにお付き合いのできる相手であれば寿司や焼き鳥などの出前やテイクアウトを活用するなど、台所の負担を気にせずおもてなしが十分に可能です。

日本酒を活用する視点からみた自宅のメリット

自宅でおもてなしをする最大のメリットは自由であるということです。私がお客様を自宅でもてなす際には次の五点でメリットを強く感じています。

①自分の出したいものを出せる

レストランや居酒屋とは異なり、自宅であればメニューの制約はありません。自分の気に入っているもの、相手に飲んでほしいものを、じっくり考え、準備することが可能です。

何種類の日本酒を出すかも自由に決められます。事前にきちんと決めておいてもよいし、多めにいろいろ買っておいて、その場の雰囲気で提供するものを選ぶこともできます。

②自分の出したいタイミングで出せる

最初の一杯から日本酒を出すこともできますし、食事のクライマックスでとっておきの日本酒が登場するという演出も可能です。複数の選択肢があればサイドテーブルにずらりと並べ、それぞれの紹介をした上で好きなものを選んでいただくという演出も可能です。店員に気を遣うことなく、自分で自由に演出できるのは自宅で日本酒を活用する醍醐味です。

③さまざまな飲み方ができる

レストランや居酒屋であれば、冷酒でも燗酒でも注文できる日本酒はメニューが限られていたりしますし、なかなか温度にこだわることもできません。自宅であれば、ぬるめでも熱めでも自分で燗酒を準備することができます。おもてなし効果も一段とアップします。

酒器についても、陶磁器のお猪口やぐいのみ、ワイングラスや切り子のお猪口など、家にあるものは何でも自由に使えますので日本酒の楽しみ方が広がります。

④小瓶、アルミ缶、パック、カップ、パウチの日本酒も活用可能

自宅では酒器に注いで提供すればいいので、コンビニやスーパーで手軽に入手できる、さまざまな容器の日本酒が活用可能です。四合瓶や一升瓶の制約にとらわれず、手頃な予算で少量多品種の日本酒を買っておき、自宅の酒器で楽しんでいただくこともできます。

⑤ノンアルにもこだわれる

複数のお客様を迎えると、中にはお酒を飲まない、飲めないという方もいることがあります。その方に疎外感を与えることなくもてなすことも自宅では容易です。たとえば日本酒と、

同じ酒蔵で造ったノンアルコールの麹甘酒をセットで用意しておくと、飲む人にも、飲まない、飲めない人にも、共通の話題として酒蔵の話をすることができます。

果物ジュースや野菜ジュースにしても、日本酒と同等の予算をかければ、国内の生産地や生産者の顔が見える高品質のジュースを調達することができます。また、日本人は緑茶と言えば無料で出されるイメージをもっていますが、予算をかけて良質な茶葉を調達して目の前で準備すれば、外国人の方が先入観なく正当に評価してくれます。

自宅で日本酒を活用するアイデア

私が海外駐在時に外国人を自宅に招待した際に、日本酒をどのように活用したか、五つのアイデアを紹介します。もちろん相手により状況により何が効果的かは異なりますので、こういうアイデアもあると参考にしつつ、それぞれのもてなし方を考えてみてください。

①フルコースで異なる日本酒を出す

来客がすでに日本酒好きと分かっている場合、あるいは日本酒を重視する会食であることが事前に決まっている場合は、食前から食後まで異なる日本酒で通すスタイルも可能です。コースのディナーにさまざまなワインを合わせて飲む外国人には訴求しやすいです。

たとえば、食前にスパークリング日本酒、乾杯に香り成分が多いフルーティーなもの、前菜には料理の邪魔をしない辛口のもの、メインに味成分の多い旨味豊かなもの、食後に熟成酒ないし甘口のもの、といったパターンが考えられます。

ただし、主賓が日本酒にあまり慣れていない場合には、日本酒ばかり勧めると相手の負担になって逆効果なので、他の酒類も選択可能にするなど柔軟な対応が必要です。

②提供できる日本酒の種類が少ない場合には温度や酒器で多様化する

入手できる日本酒の種類や在庫数に制約があって、一度に何本も開けられない時には、同じ銘柄を冷酒と燗酒で出して飲み比べてもらう、あるいは和風の酒器とワイングラスで出して飲み比べてもらう、という変化をつけると日本酒の多様性を演出できます。

③白ワインと日本酒を同時にまたは前後して出す

前菜の魚介類に合わせて、白ワインと日本酒を同時に出し、両者を飲み比べてもらうというのも一興です。日本酒の方が魚介類の生臭みを引き出さずによく合う場合があります。ただし外国人に「どうだ、ワインより日本酒の方が合うだろう」と同意を強要するのは無粋です。相手が自発的に日本酒が合うと思ってくれたら喜びましょう。

④赤ワインと日本酒を同時にまたは前後して出す

主菜の肉類に合わせて、赤ワインと日本酒を同時に出し、両者を飲み比べてもらうというのも一興です。味がしっかりしている日本酒は濃い味の料理にも負けずに旨味を高めてくれますが、脂っこい肉料理の場合は渋味で口の中を引き締めてくれる赤ワインの方が喜ばれる場合もあります。アプローチの違いを楽しんでくれる人にはお勧めです。

⑤その国の酒と同時にまたは前後して出す

現地で一般的な酒があれば、その酒に適したタイミングで日本酒と一緒に出し、両者を飲み比べてもらうというのも一興です。この場合は互いにお国自慢になるのもご愛敬ですが、味覚的にも物語的にも勝ち負けを争うものではありません。そもそも会食全体が日本酒をアピールする機会になっているのですから、その中で先方にお国自慢の時間を提供して傾聴するのもおもてなしだと思います。

第九章

外国料理に日本酒を合わせる

1 なぜみんな日本酒と料理の相性を気にするのか

国際きき酒師の資格をとって人前で日本酒の話をする機会が増えましたが、よく聞かれるのが「日本酒と料理の相性」です。外国人の中にはワインと料理のペアリングを意識する人が多く、日本酒にも同様の関心を持つので、日本人ビジネスマンも気になるようです。

みんなが知りたがる「単純な法則」

日本人がワインに親しみ始めた頃「魚には白、肉には赤」という法則が普及しました。この法則は、ワインに詳しくない日本人がとりあえず飲んでみるハードルを下げたという意味で、日本でのワインの普及に非常に大きな役割を果たしたと思います。

実際には魚料理にも肉料理にもさまざまな種類があり、白ワインにも赤ワインにもさまざまな種類があるので「魚には白、肉には赤」と一概には言えません。しかし詳しい知識を習得する余裕のない人は「魚には白、肉には赤」を否定されてしまうと途方に暮れてしまいます。

最近は、マグロに赤ワインを合わせたり鶏のササミに白ワインを合わせたりする「赤い料理には赤ワイン、白い料理には白ワイン」という法則も見聞きします。色以外の点でも理にかなってはいますが、やはりみんな単純な法則を欲しがっているのだなあと感じます。

日本酒に「単純な法則」を持ち込んだら日本酒通に叱られた話

外国人に日本酒の話をしていると、料理との相性について尋ねられることがよくあります。時間があれば丁寧に説明しますが、レセプションの立ち話など時間がなく、とりあえず一言で何かヒントを、と求められた際に、私は「魚には白、肉には赤」並みの単純化ですよ、と断った上で、

「冷たい料理には吟醸酒、温かい料理には純米酒」

とアドバイスしたことがあります。しかし、日本酒に詳しい日本人に聞かれてしまい
「そんなルールは聞いた事がない、自己流の知識を外国人に広めてはいけない」

と注意されてしまいました。これに懲りて、私は以後……小声でアドバイスしています。

コラム

ペアリング？ マッチング？ マリアージュ？ 日本語では何と言う？

日本酒と料理の相性の話をするのに、日本酒に関する本や雑誌は「ペアリング」「マッチング」「マリアージュ」など横文字ばかりです。もともとワイン用語だから仕方がないのかもしれませんが、でも英語とフランス語が混在しているので初心者泣かせです。

ここでは、私なりの理解を紹介します。あくまでもこの本における定義ですので、他の本や記事で異なる定義がなされていればそれを尊重してください。

「ペアリング」とは「料理と酒を一緒に味わうこと」

「ペアリング」とは「二つのものを一組（ペア）にする」という意味です。スマホとイヤホンを無線で接続することもペアリングです。「料理と酒を一緒に味わうこと」もペアリングです。ただし「一緒」という時間感覚には幅があります。ワインの世界では料理を飲み込んだ後にワインを口に入れることが多いですが、日本酒の世界では料理がまだ口に残っているうちに酒を口に入れることも多いです。これは「ごはんとおかず」の食文化の影響かもしれません。

「マッチング」とは「どの料理とどの酒をペアリングするかを決めること」

「マッチ」とは二つのものの「調和」転じて「組み合わせ」という意味です。「マッチング」とは「二つのものを組み合わせること」であり、対戦相手を決めることも結婚相手を決めることもマッチングです。決めるという行為を強調してマッチメイキングとも言います。ペアリングと同じ意味でマッチングと言う人もいますが、私は「数ある選択肢の中からどの料理とどの酒をペアリングするかを決めること」をマッチングと使い分けています。

「マリアージュ」とは「ペアリングした結果、料理も酒もおいしく感じること」

「マリアージュ」とは「結婚」という意味です。日本では「マリッジ・リング」や「マリッジ・ブルー」のように英語の「マリッジ」が知られていましたが、その後フランス語の「マリアージュ」がワイン用語として普及しつつあります。それが日本酒にも転用されつつあります。世間の使い方を見るとペアリングとほぼ一緒です。ただし、ペアリングには良し悪しのニュアンスはなく中立ですが、マリアージュは常に良い意味で用いられます。

「食べ合わせ」は「ペアリング」と同じ意味へと進化中

日本語には「食い合わせ」という言葉があります。これは「この食材とこの食材を一緒に食べてはいけない」という言い伝えです。ペアリングではなくタブーのブラックリストです。「鰻と梅干し」のように現在では理由不明なものもあれば、大量に合わせると胃に負担がかかる「西瓜と天麩羅」のように一定の理由があるものもあります。

「食い合わせ」が「食べ合わせ」とも言われるようになったのは、「食う」という語感が乱暴に思われて丁寧な「食べる」に置き換えられたからですが、それでも辞書的な意味はタブーのブラックリストであり「食べ合わせが良い」という表現は本来は誤用です。

しかし最近、良し悪しに関係なく「ペアリング」の日本語訳として「食べ合わせ」と言う人を散見します。ペアリングの概念が日本食や日本酒にも持ち込まれ、これを日本語で言いたいときに「食べ合わせ」という単語が受け皿になって進化しているのだと想像します。今後、この用法は、誤用ではなく新たな用法として定着していくと予想します。

「相性」は「料理と酒が合うか合わないか」

外来語を使うと混乱するので、私は酒と料理の「相性」という表現をよく使います。ここでいう「相性」とは「合うか合わないか」です。強いて外来語を使って言えば「ペアリングがうまくいくか否か」「マッチングに適しているか否か」「マリアージュが成功するか否か」ということでしょうか。

②フランス料理にワイン、日本料理に日本酒と言われる理由

フランス料理にワインが、日本料理に日本酒が合うと言われるのはなぜか。それを考えることにより、フランス料理や他の外国料理に合う日本酒のヒントが得られます。

経験則で語る人、理論で語る人

料理と酒の相性を語る際に、「この料理にはこの酒が合う」と経験則で語る人と、「このタイプの料理にはこのタイプの酒が合う」と理論で語る人がいます。どちらが正しいという話ではなく、どちらをより重視するかという違いで、どちらも正しいと思います。

経験則で語る場合〜適者生存の法則の中で地元の料理に合った酒が定着した

料理と酒の組み合わせは無数にありますが、「フォアグラに甘口の白ワインが合う」「カツオのタタキに辛口の日本酒が合う」といった個々の経験が蓄積され伝承されていくと、どの地域の飲み手も、その地域の料理に合う酒質の酒を好んで飲むようになります。どの地域の造り手も、その地域の料理に合う酒質の酒を造るようになります。その結果、長期的には、フランス料理にはフランスのワインが合い、日本料理には日本酒が合うという傾向が定着します。

この基本が分かれば、さまざまな応用ができます。日本で造られるワインには日本料理に合う製品が増えるでしょうし、フランスやアメリカで造られるサケ（日本酒とは名乗れない）にはフランス料理やアメリカ料理に合う製品が増えるでしょう。世界各地で日本料理が食べられるようになれば日本酒も飲まれるようになるでしょう。日本料理でなくても、フランス国内でライトでヘルシーな日本料理的なフランス料理が食べられるようになれば、ワインのような日本酒や日本酒のようなワインも飲まれるようになるでしょう。

理論で語る場合～脂味のフランス料理にはワイン、旨味の日本料理には日本酒

フランス料理も日本料理も多種多様であることを重々承知の上で、あえて分かりやすく単純化して言うなら、「フランス料理は脂味の魅力で食べさせる料理、日本料理は旨味の魅力で食べさせる料理」と私は感じています。

日本料理の魅力である旨味が「ＵＭＡＭＩ」として海外でも知られるようになったので、日本語でおいしいという意味の「うまい（美味い）」と旨味が豊富という意味の「うまい（旨い）」が混同されがちですが、脂味にも独自の魅力があり「うまい」です。脂味の「脂」という漢字が「肉」を表す「月（にくづき）」と「うまい」を表す「旨」の組み合わせであることに

人間の味覚の普遍性を感じます。

ワインは白も赤も脂味との相性が良いです。白ワインは日本酒と比べて酸味が強い酒ですが、料理の脂味で満たされた口内を酸味がリフレッシュさせます。赤ワインは日本酒と比べて渋味が強い酒ですが、料理の脂味で満たされた口内を渋味が引き締めてくれます。ワインを飲みながらだと脂味に飽きることなくその魅力を何度でも楽しめます。

日本酒は旨味との相性が良いです。日本料理で代表的な、昆布だしと鰹だしの合わせだしは二種類のだしの旨味が相乗効果をもたらします。アルコール飲料であると同時に優れたアミノ酸飲料でもある日本酒は、異なる旨味成分をもつさまざまな日本料理との間で旨味の相乗効果をもたらします。

この基本が分かれば、さまざまな応用ができます。日本料理であっても脂味のあるものはワインと相性が良い可能性があり、外国料理であっても旨味のあるものは日本酒と相性が良い可能性があります。いろいろ試してみましょう。

③ペアリングの正体は「コーディネート」

ソムリエでもない日本人ビジネスマンが、外国人に対して日本酒と料理のペアリングを語るというのは、どうも相手の土俵で闘わされているアウェー感があります。「ペアリング」という言葉に慣れていなかった私は、これを衣服と同じ「コーディネート」だと考えるようにしたら、心の負担が少し軽くなりました。

日本酒と料理をコーディネートしよう

料理と酒にも衣服にも嗜好品という側面があります。嗜好に正解はありません。料理と酒をどう組み合わせるかを考えていると、衣服をどう組み合わせるかというファッションのコーディネートとの共通点を感じます。ここでは、私が感じる七つの共通点を挙げてみます。

①組み合わせて全体として良い印象を与える

衣服のコーディネートとは、複数の「パーツ」を、特定の「要素」に着目し、一定の「テーマ」の下で組み合わせ、全体として良い印象を与えることだと私は理解しています。

衣服でいう複数のパーツは、アウターやインナー、トップスやボトムスなどです。特定の要素とは、色、柄、形、材質などです。一定のテーマとは、共通性、関連性、時にはあえて異質性などです。

料理と日本酒のペアリングも、前菜、メインなど複数の料理パーツと、吟醸酒、純米酒など複数の日本酒パーツを、味、香り、産地など特定の要素に着目し、共通性、関連性など一定のテーマの下で組み合わせ、全体として良い印象を与えることだと私は理解しています。

②理論もあるがセンスが重視される

衣服のコーディネートにおいては、特に色と形について、どのような組み合わせがどのような効果を生み出すかという理論が語られています。ファッションのセンスに自信のない人も、理論を踏まえることにより、無難なコーディネートができるのは利点です。

料理と日本酒のペアリングも、特に味と香りについて、どのような組み合わせがどのように合うかという理論が語られている本や雑誌はいくつもあり、味覚のセンスに自信のない人も、無難なペアリングが可能です。

その一方で、どんな理論にも例外はつきものです。最終的にはセンスが重視されています。理論はむしろ、自分のセンスに自信がないときに根拠を与えて自信をサポートしてくれるツールとして重要だと思います。

③伝統や定番を尊重しつつ創造を試みる

衣服のコーディネートにも、料理と日本酒のペアリングにも、先人の経験に基づく「伝統」や「定番」があります。選択肢が多く手間暇がかけられない場合には伝統や定番が大いに役に立ちます。いくつか有名なものを覚えておけば即戦力で使えます。

しかし、伝統や定番だけでは退屈に思える時もあります。また、特に海外では、料理も酒も選択肢が限られていて、伝統や定番を実践できないこともよくあります。伝統や定番を尊重しつつ時には創造を試みるのがコーディネートやペアリングの醍醐味だと思います。

④カリスマ店員のお勧めを聞きながら体験を楽しむ

私はカリスマ店員がいるようなアパレルショップに行ったことはないですが、そういうお店に行く際には、あらかじめ自分が買いたい物が決まっていてそれを買いに行くのではなく、店の品揃えや店員の着こなしを眺め、コーディネートのお勧めを店員に聞きながら選ぶのだと思います。別に店員に買わされるわけではなく、お勧めされながら選んで買うという体験も楽しいのだと思います。

料理がおいしくて日本酒がおいしい店にはかなりの割合で、カリスマ店員に相当する店主や店員がいて、料理と日本酒の組み合わせを見繕ってくれます。こういう店ではあえて、店のお勧めに任せながら、自分で注文していたら試さなかったような料理と日本酒を体験することが楽しいです。

⑤良い印象を感じるか否かは人によりTPOにより異なる

衣服のコーディネートで、雑誌のモデルやカリスマ店員の着こなしをそのまま自分が再現しても、良い印象を感じるとは限らないと思います。衣服同士のコーディネートが良くても、その衣服が自分に合うかはまた別のコーディネートの問題です。また、夏に素敵なコーディネートを冬に着ると変でしょうし、フォーマルなコーディネートでカジュアルな場に行くと変でしょう。

料理と日本酒のペアリングも、ある組み合わせに対して全ての人が良い印象を感じるとは限りません。夏酒と夏の食材のペアリングを冬に出しても特別な理由がなければ違和感があります。高級食材と高級酒のペアリングをカジュアルな席で出しても成金趣味だと思われたり、嫌みに思われかねません。

⑥こだわる人もこだわらない人もいる

衣服のコーディネートでも「ボトムスがMかLかでトップスも変えないとサイジングが合わない」というレベルでこだわる人もいれば「快適に着られれば見た目は気にしない」という人もいます。料理と日本酒のペアリングでも「刺身にも赤身魚、白身魚、青魚、貝類があり、一種類の酒で全てに合わせるのは無理がある」というレベルでこだわる人もいれば「日本酒は魚介類のみならずさまざまな食材に合うよね」という人もいます。嗜好品なのでいずれもありです。

味覚のストライクゾーンは人によりさまざまです。ストライクゾーンの狭いこだわりの人の人生が幸せとは限りません。少なくともその人が人生を幸せに過ごすためにはお金がかかりそうです。その点はファッションもグルメも同じかもしれません。

⑦自信のある人もない人もいる

世の中には、自分のセンスに自信があり、周囲の反応を気にしない人もいれば、自分の選択は間違っていないか恥ずかしくないか気にする人もいます。日本人には後者の方が多いように思います。衣服も料理や日本酒も嗜好品なのに、プロの人から「これが合う」と言われると、内心ではそうかなあと思いつつも自分を納得させてしまう人が多いように思います。自分が勧める立場になった際には、もっと自信を持って「これが合う」、少なくとも「自分はこの組み合わせが気に入っている」と宣言してよいと思います。

④誰にでも実践できる「＋－×÷」のペアリングルール

本や雑誌で語られるペアリングの話は、多くが「ルール」と「具体例」の組み合わせです。具体例はひたすら覚えるしかありませんし、選択肢の限られる海外では実践できないものが多いです。外国人に対して日本人ビジネスマンが日本酒と料理のペアリングを考える際には、ルールからアプローチする方が楽です。しかし、公式ルールが定められているわけではないので、本や雑誌では、さまざまな人がさまざまな用語でルールを語っています。

私は、さまざまな人がさまざまな用語で語っているペアリングのルールを、自分が使いやすいように「＋－×÷」の四則計算になぞらえて覚えています。内容的には決して他の本と違うことを言っているわけではありません。

①足し算のペアリング（長所を伸ばす）

「味の濃いものに味の濃い酒」「甘いものに甘い酒」など、同じものや似たものを合わせる「足し算のペアリング」が一番分かりやすく、よく用いられています。風味で合わせるだけでなく、人によっては「熟成肉に熟成酒」「郷土の料理に郷土の酒」のように製法やストーリーなど精神的なものまで合わせることがあります。

「海鮮料理に漁師町の酒」という例では、長年の間に地元の料理に合う酒が地元で好まれて現在に至っていることを考えると、精神的な面だけではなく結果的に風味の面でも合っていることがあります。「若手農家が育てた食材を若手シェフが料理し、若手蔵元が造った日本酒を合わせる」という例は、風味よりも精神的な側面を重視しています。その上で風味の面でも何か合わせている面があれば鬼に金棒です。

②引き算のペアリング（短所を隠す）

料理に酒を合わせることにより、料理に含まれる過剰な風味を隠す効果があれば、それが「合う」ということになります。どんな酒がどんな風味を隠すか、具体例を覚えるのは大変ですが、先人の経験則を単純化して覚えておくと応用が利きます。

有名な経験則は「過剰な苦味は甘味で隠す」です。私は「コーヒーの術」と呼んでいます。苦味のある料理に甘味のある日本酒または甘味を感じるぬるめの燗酒を合わせます。

これに似た経験則で「過剰な渋味は甘味で隠す」もあります。私は普段は商品名で呼びますがここでは「甘味葡萄酒の術」と呼びます。日本でかつて甘味葡萄酒がよく売れていたのも、赤ワインの渋味に慣れない日本人の知恵だったのでしょう。

「過剰な脂味は酸味で隠す」は「白ワインの術」です。昔は日本酒の酸味は欠点とされていましたが、最近は酸味を生かした日本酒も増えてきました。ワインの影響で日本人が酒の酸味に慣れたという側面も、日本人の食生活に脂味が増えたという側面もあります。

これに似た経験則で「過剰な脂味は渋味で隠す」という「赤ワインの術」もありますが、渋味を生かした日本酒はないのであまり使いません。もし「この日本酒の旨味は自分にとっては雑味だ」と思ったら、脂っこい料理と合わせてみる手はあります。

「過剰な辛味はにごりで隠す」という「マッコリの術」「ラッシーの術」はいかがでしょうか。にごり酒は舌や口内の粘膜を覆うので、香辛料の強い外国料理の刺激を和らげます。甘味もあると辛味の刺激を癒やすので一石二鳥です。香辛料の強い外国料理は脂味も強いことが多いので酸味もあると一石三鳥です。

③掛け算のペアリング（長所を広げる）

風味の異なるものを合わせるパターンです。バランスが良くなったり新たな印象が生まれたりします。組み合わせは無数にありますし、異なるものを合わせて何でも「合う」とは限りません。これも過去の経験則を単純化して覚えておくと応用が利きます。

分かりやすい例が「酸味のある料理に甘い酒」で「甘酸っぱい」風味にすることです。私は「レモネードの術」と呼んでいます。「苦味や渋味のある料理に甘い酒」は「ホットココアの術」です。

分かりにくい例が、スイカに塩を少量かけると甘味が増すように、相手にない味を加えることでバランスが良くなるパターンです。たとえばフルーティーな日本酒には甘味と酸味があるので、これを、旨味と塩味のある料理と合わせるとバランスが良くなることがあります。私は「生ハムメロンの術」と呼んでいます。

単純に味の異なるものを合わせるだけでなく、同質の味でも「ヨーグルトの酸味とオレンジの酸味」のような「動物性と植物性」といった組み合わせも考えられます。日本人によく知られている例が「鰹だしと昆布だし」のような「動物性の旨味と植物性の旨味」という組み合わせです。私は「合わせだしの術」と呼んでいます。日本酒には植物性の旨味があるので、動物性の旨味がある外国料理と合わせると旨味の相乗効果が感じられる可能性があります。

④割り算のペアリング（長所も短所もリセットする）

ここで言う割り算とは、焼酎の水割りの「割り」、つまり薄めることです。一番分かりやすい例が、水を飲んで口の中を洗い流すことです。口の中の味の余韻をいったんリセットすれば、再び次の一口を鮮烈に感じることができます。全ての料理に適用できるルールですので、外国料理にも活用できますし、外国人にも分かりやすいです。

食中酒の中でリセット効果のある要素として「アルコールの辛味」「爽快感ある苦味」「爽快感ある酸味」「炭酸の発泡感」「低温の冷涼感」が挙げられます。割り算のペアリングに適した五大要素です。

酒類の中でもビールや酎ハイは複数の要素を兼ね備えており、割り算のペアリングに適しています。この分野において日本酒がどう存在感を示すかに私は関心を抱いています。

第十章 外国人の誤解や偏見に対応する

1 日本酒を全く知らない外国人の場合

日本酒を全く知らない外国人が初めて日本酒に接すると、情報不足に基づく誤解が生じがちです。しかも、最初に思い込みが生じると、後から修正するのは難しく一苦労します。したがって、真っ先に必要な情報を伝えることが大切です。

最初に知りたいことを最初に伝える

とはいえ、外国人が初めて接する日本酒について最初に知りたいことは何でしょうか。真っ先に必要な情報が何かは、人によってさまざまです。そこが悩ましいところです。この話はすでに「サケって何?」という箇所で簡単に触れましたが、ここではもう少し具体的にお話しします。

たとえば、あなたがレセプションに出席していて、ドリンクブースの外国人から「アクアビットです、一杯どうぞ」とショットグラスに入った透明なお酒を勧められたとします。あなたはアクアビットという名前を聞いたことがなかったとします。あなたは「アクアビットって何ですか?」と尋ねると思います。では、あなたがいま真っ先に知りたいこと何でしょうか?

①「どこの国の酒ですか?」

②「何から造られた酒ですか?」

③「どの位強い酒ですか?」

④「どんな味ですか?」

⑤「どんな時に飲むのですか?」(食前酒?食中酒?食後酒?祝い酒?)

⑥「どうやって飲むのですか?」(ストレート?ロック?水割り?カクテル?)

⑦「どんな料理に合うのですか?」

……人によって真っ先に知りたいことはさまざまですが、おそらくこれらの七項目のいずれかだろうと思います。「生産量と輸出量」「主要メーカーや最近の人気メーカー」「製造工程」「酒税法上の分類」「格付けとラベルの読み方」「名産地と自然環境」「歴史と命名の由来」「名人の物語」「飲める店、買える店」は、真っ先に知りたい情報ではないでしょう。
外国人が初めて接する日本酒について最初に知りたいことも、こんな感じなのではないかと思います。

関心のない人には五秒以内で説明する

これが着席式のディナーであれば、①から⑦までじっくり説明することも可能です。しかし、立食レセプションの会場では、簡単な立ち話しかできません。ましてや、尋ねる側も強い関心を持っているわけではないのですから、長々と話そうとしても飽きられて立ち去られます。

私の経験では、関心のない人が立ち止まって話を聞いてくれるのはせいぜい五秒間です。五秒以内に相手が最初に知りたいことをスパッと伝えてあげれば、面白がって二問目を尋ねてくれます。そうなると三十秒以上話しても逃げずに聞いてくれます。

相手のよく知っているものをブリッジ（架け橋）にする

①から⑦までのうち、相手が最初に知りたいものを見抜いて五秒以内で答えるのは、ききさき酒師でも難しいです。私のお勧めは「相手のよく知っているものをブリッジにする」ことです。さきほどの例で、あなたが「アクアビットって何ですか？」と尋ねたとします。もし私がブースの中でお手伝いをしていて、私はあなたと面識はないもののあなたが日本人であると察しが付いている場合は、こう答えます。

「北欧のジャガイモ焼酎です」

実際には焼酎とは違うのですが、日本人がよく知っている焼酎をブリッジに使うことで、アクアビットの①から⑦について、知識ゼロの状態が瞬時に「焼酎に似ている」という知識に置き換えられます。あとは時間の許す範囲でアクアビットと焼酎の違いを説明する作業になります。

「ジンとは違いますがハーブの香りがついています。ウォッカのようにストレートで飲んだり、ビールをチェイサーにして交互に飲んだりします。北欧ではあまりやりませんが、日本だとソーダ割りでもいけるかもしれませんね」

などと話を続けます。

実際に日本酒を全く知らない外国人に日本酒を勧めてみる

では、実際に外国人に日本酒を勧めてみましょう。いま私はレセプション会場のドリンクブースで日本酒を出す手伝いをしています。外国人の参加者がブースの前を通りがかります。私は白ワイン用の小ぶりのワイングラスに入った日本酒を差し出し「ジャパニーズ・サケはいかがですか？」と声をかけます。立ち止まった外国人が不思議そうにグラスを見ながら「サケって何ですか？」と尋ねました。さて、五秒以内で何と答えましょうか。

私は「ワインに似ていますが日本のコメで造られているんですよ」と答えました。

この時点で私は相手がどこの国の人で普段はどんな酒を飲んでいるかが分からないので、世界で飲酒する人の大多数の人が知っているワインをブリッジに使いました。白ワインと言わなくても見れば赤ワインより白ワインに近いと分かるので色は省略しました。人によっては「コメでできたワインです」という表現をするかもしれませんが、ワインの定義は国によって厳格さが異なるので、無用の反論を避けるために「ワインに似ている」という表現にとどめました。最後は「コメで造られる」でもよいのですが、日本という単語をもう一度耳に入れるためにあえて「日本のコメで造られる」と言いました。

この時点で、これ以上興味のない人は「ふうん」とか言って立ち去ります。もし「へえ」と言って立ち止まったままであればさらに関心ありということで、たとえば

「白ワインはキャビアやオイスターなどと合わせると生臭さを強調することがありますが、日本酒は魚介類とも相性抜群です。最近は白ワインと日本酒は役割分担が可能ということで、フランスの三つ星レストランでもワインリストに日本酒を掲載しているところがあるんですよ」

などと話を続けます。

日本酒を全く知らない外国人との一問一答

その他、日本酒を全く知らない外国人からよく聞かれる質問を一問一答形式で挙げてみます。五秒で答えるバージョンで挙げていますが、実際には時間があればもっと詳しく正確に

説明します。

「サケはコメから造られるのになぜ透明なのですか?」

↓砂糖も白いですが砂糖水は透明ですよね。さまざまな味や香りの成分が水に溶けています。

「サケはコメから造られるのになぜフルーツの香りがするのですか?」

↓コメもフルーツと同じ植物なので香りの素質はあります。酵母が香り成分を引き出します。

「コメにもワインのブドウのようにさまざまな品種があるのですか?」

↓はい、百種類以上ありますが、ブドウほど品種間の味の違いは大きくありません。

「サケはどんな味ですか?」

↓軽い甘味と酸味、そしてコメの旨味が感じられます。ぜひ一口飲んでみてください。

「サケは甘口ですか辛口ですか」

↓甘口も辛口もあります。白ワインより酸味が少ないのでやや甘く感じる人が多いです。

「サケはアルコールの強い酒ですか?」

↓普通のワインより少し強く、シェリーやポートワインより少し弱い製品が多いです。

(アルコール度を数字で語ってもうまく通じないことが多い)

「サケはどんな時に飲むのですか?」

↓ワインのように食中酒で飲みますが、食前酒や食後酒に適した製品もあります。

「どうやって飲むのですか?」

↓ワインのようにストレートで飲みます。冷やしても温めても楽しめます。

「どんな料理に合うのですか?」

↓魚介類に合うとの評判が高いですが、どんな料理にも反発せずに一緒に楽しめます。

「サケは日本でしか造られないのですか？」

↓世界各地の十カ国以上で造られています。米国や中国には大手酒蔵の工場もあります。

（質問者の出身国も念頭に知っている最新状況を補足説明する）

2 すでに偏った知識を持っている外国人の場合

私を含め日本人の中にも、若い頃に日本酒に対する偏った理解をしてしまい、その後長らく日本酒は飲まなかったという人が多いです。外国人の中にも、日本とは異なる事情ですが日本酒に対する偏った理解をしてしまっている人もいます。

ここでは、外国人の日本酒に対する偏った理解に基づく質問の例と、それに対する私の回答例を挙げてみます。もちろん国や人により状況はさまざまですので、場合によっては私の回答が有効でない場合や、もっと効果的な回答がある場合もあると思います。答え方の一例として参考にしてください。

①昔の日本酒の知識を受け継いだことによる誤解

「日本酒には防腐剤が入っている？」

↓いいえ、日本酒には防腐剤は入っていません。昔はサリチル酸という防腐剤が使われていましたが、一九六九年（アポロ十一号が月面に着陸した年。かなり昔です）に業界の自主規制で使われなくなり、その後法律でも使用が禁止されました。ワインで使われている酸化防止剤も日本酒には使われていません。

「日本酒は熱くして飲むのが正しい飲み方？」

↓いいえ、日本酒は冷やして飲んでも温めて飲んでも楽しめます。冷蔵庫が普及する以前は日本酒は温めて飲むか常温で飲むかでしたが、冷蔵庫の普及により、冷やして飲むという楽しみ方が普及しました。なお熱過ぎると風味が落ちるので気をつけてください。

「日本酒はスシなど日本食と一緒に飲むためのもの?」

↓いいえ、日本酒は日本食だけでなくさまざまな料理と一緒に楽しむことができます。白ワインの酸味や赤ワインの渋味は料理によっては相性が悪いことがありますが、日本酒はさまざまな料理と相性よく楽しむことができます。

②日本酒の流通事情が悪いことによる誤解

「輸出用の日本酒は防腐剤が入っているのでまずい?」

↓いいえ、日本酒には防腐剤は入っていません。輸出用の日本酒にも防腐剤は入っていません。日本から海外に輸出される日本酒の中には、常温で長期間の輸送や保管を経て、衛生的な問題はなくても風味が劣化しているものがあり得ます。そのような製品を飲んだ人が、本来の風味との落差に「輸出用に防腐剤を入れているからに違いない」と勘違いされたのであれば、造り手にも伝え手にも飲み手にも不幸なことです。

「日本酒は熱くして飲まないとまずい?」

↓いいえ、日本酒は冷やして飲んでも温めて飲んでも楽しめます。熱過ぎると風味が落ちるので気をつけてください。日本から海外に輸出される日本酒の中には、常温で長期間の輸送や保管を経て、衛生的な問題はなくても風味が劣化しているものがあり得ます。そのような製品を熱くして風味の劣化が目立たないよう飲んでいた事例が「熱くして飲まないとまずい」と勘違いされたのであれば、造り手にも伝え手にも飲み手にも不幸なことです。

③日本人以外からの知識を受け継いだことによる誤解

「日本酒はショットグラスで一気飲みするもの？」

↓いいえ、日本酒はマイペースで風味を楽しみながら飲むものです。日本でも一時期「一気飲み」という宴会芸が流行しましたが、健康に悪い飲み方であると理解されており、一般的な作法ではありません。中国では杯のバイチュ（白酒）を飲み干すのが「乾杯」の作法とされており、海外の日本料理店で日中の飲酒文化が混同されている可能性があります。

「日本酒はショットグラスに入れてビールジョッキに落として飲むもの？」

↓いいえ、日本酒は通常はそのまま飲むものです。韓国ではショットグラスに入れたソジュ（韓国焼酎）をビールジョッキに落として飲む「爆弾酒」という宴会芸があり、海外の日本料理店で日韓の飲酒文化が混同されている可能性があります。

④日本人の誤解を受け継いだことによる誤解

「純米酒以外の日本酒はアルコールを添加しているのでリキュールでは？」

↓いいえ、日本の法令では、日本酒を造る際に一定の限度量以内の副原料を使うことが認められています。戦中戦後に増量目的で大量にアルコールが添加された歴史があるので、日本人の日本酒愛好家の中には少量であってもアルコールの添加に否定的な人がいます。アルコールを添加していない日本酒は、その他の諸条件もクリアした上で「純米酒」と名乗ることができるので、容易に見分けることができます。

なお、酒類の定義、特に許容される副原料の範囲については、ビールにも、ワインにも、ウイスキーにも、国により人により考えと立場と法令の違いがあります。海外でも過去には論争があったり裁判があったりしました。決して日本酒だけの話ではありません。

「酒蔵はまず純米酒を造り、出来が悪いものはアルコールを添加して安酒にするの？」

↓いいえ、酒蔵では毎年「酒造計画」を作成し、「このタンクではこのレシピで日本酒を造る」と決めて、原料のコメや副原料のアルコールの調達量を決めます。副原料を使わない純米酒とアルコールを添加する予定の日本酒は最初からレシピが異なることが一般的です。酒造りにおいて副原料の添加は最終段階で行うので、もし、酒蔵見学をした外部の人が「まず純米酒を造り、一部のタンクのみ最後にアルコールを添加する」という観察をしたのであれば、それは不幸な誤解です。

あるいは、江戸時代の書物に、日本酒造りの途中に発酵管理の状況が悪い場合に焼酎を添加して改善する趣旨の記述があることから、それを読んだ人が、現在の酒蔵でもそのような手法が日常的に行われていると理解したのであれば、それも不幸な誤解です。

「日本酒は純米大吟醸が最高級なの？」

↓いいえ、ラベルの用語は日本酒の造り方を示すものであり、ランクの上下を示すものではありません。「吟醸」「大吟醸」と表示された日本酒は、表面をたくさん磨いた（精米歩合の数字が小さい）コメを使うので、その分原価が高くなり、販売価格も高くなります。したがって、「日本酒は純米大吟醸が最高価なの？」と問われれば、酒蔵にもよりますが、その傾向はあります。しかし、最高価イコール最高級とは限りませんし、日本酒は嗜好品ですから最高価イコール最もおいしいとは限りません。

「吟醸酒や大吟醸酒は燗酒にしてはいけないの？」

↓いいえ、日本酒は冷やして飲んでも温めて飲んでも楽しめます。吟醸酒や大吟醸酒を温めて「いけない」ということはありませんし、旨味成分が少ない吟醸酒や大吟醸酒は温めることにより旨味を強く感じられるようになる可能性があります。

ただし、吟醸酒や大吟醸酒の特徴とされるフルーティーな香りは温めることにより感じにくくなる可能性があります。吟醸酒や大吟醸酒はこのフルーティーな香りを出すために表面をたくさん磨いたコメを使って価格が高くなっているので、せっかくの長所が温めることにより失われるのは「もったいない」という指摘はあり得ます。

「日本酒は太るの？」

↓日本酒に糖質があるかと問われれば、ありますそれが太るほどの量かどうかは、人によります。日本酒一合（一八〇ミリリットル）のカロリーと、アルコール度数を日本酒と同じにした焼酎水割り一合のカロリーの違いは、ごはん一口分弱に相当します。この差は「日本酒は太るから焼酎にしよう」と思う人もいるでしょうが「日本酒も焼酎も大して変わらない」と思う人も多いでしょう。

3 ワインの価値観で日本酒を見ている外国人の場合

日本文化に限らず、ある地域の文化は、他の地域の文化に接して刺激を受けては、それを自分たちに合わせた形に変化させつつ取り込んで、自らの文化の一部としていく側面があります。酒を造る文化や酒を飲む文化もその例外ではありません。

ワイン文化に刺激を受けて発展する日本酒文化

明治期以降、日本人は西洋の酒に接してきましたが、昭和後期から平成にかけて、多くの日本人がワインに親しむようになりました。日本酒の造り手も、伝え手も、飲み手も、ある人は意識的に日本酒文化にワイン文化を取り込み、ある人は無意識のうちにワイン文化に刺激を受けて日本酒文化を発展させているように見えます。

外国の文化に接して刺激を受けている際には、新しい文化に感激して周囲の誰よりも早く取り込みたいと急ぐ人もいれば、従来の文化が損なわれることを恐れて新しい文化に抵抗感を示す人まで、その反応はさまざまです。日本酒文化とワイン文化の関係もその例外ではありません。

ワインの価値観で日本酒を眺める外国人に専守防衛で対応する

最近は日本酒に詳しい外国人も増えてきましたが、その中には、ワイン文化の価値観を基準に日本酒文化を眺める人もいます。さらにその中には、ワイン文化の価値観で見ると日本酒文化が低く見える論点をことさらに持ち出して指摘する人もいます。

日本人の側でも逆に、日本酒文化の価値観で見るとワイン文化が低く見える論点を持ち出して対等な喧嘩に持ち込む選択肢もあるはずですが、実際には防戦一方だったり、抵抗する術のないまま素直に相手の主張を聞き置くだけで終わってしまう事例も散見されます。

私は好んで外国人と喧嘩をする趣味はありませんが、相手の主張が一方的な価値観に基づいていれば、少なくとも世の中には他の価値観もあるのだということを指摘して、中間線まで平然と押し返す程度の対応ができるようになりたいと思っています。

ここでは、外国人がワインの価値観で日本酒を眺めたときの指摘の例と、それに対する私の回答例を挙げてみます。もちろん国や人により状況はさまざまですので、場合によっては私の回答が有効でない場合や、もっと効果的な回答がある場合もあると思います。答え方の一例として参考にしてください。

「一流のワイナリーは地元のブドウにこだわるけど、日本酒は一流の酒蔵でも他地域のコメを買ってきて造るのは哲学がない」
↓いいえ、日本酒の酒蔵には「地元のコメで地元ならではの酒を造る」という選択肢と「一流のコメを取り寄せて一流の酒を造る」という選択肢が与えられています。造り手は自らの哲学に基づいて、どちらかを選択する自由も、タンク別に双方を選択する自由もあるのです。

もちろん、農家と一緒に地元で一流のコメを育てる酒蔵もあれば、一流のコメの産地で日本酒を造る酒蔵もあるので、あなた好みの「哲学のある」日本酒もお出しできますよ。

「日本酒は他地域のコメを買ってきて造るので『テロワール』がない」
↓いいえ、日本には千以上の酒蔵があり、地元のコメで日本酒を造っている酒蔵もたくさんあります。同じ「地元」でもさらに、同一の行政地区にあることよりも同一の水系に酒蔵と田んぼがあることにこだわっている酒蔵もあります。

その上で申し上げますと、ブドウの実には糖分も水分もあるので、酒の原料として適している反面、収穫した瞬間から雑菌の繁殖が始まるので、すぐに処理しなければなりません。ブドウは長距離輸送に適さない結果、ワイナリーはブドウ畑の近くにあり、一流のワイナリーは一流のブドウ畑の近くにあるのです。「テロワール」と言えばロマンチックですが、これは造り手にとっては制約でもあります。

コメは水分量が少ないので遠隔地の酒蔵に運ぶことができます。酒蔵は大量の水を使うので良い水の豊富な場所に立地しており、造り手は地元のコメも使えますし、自分が理想とするコメを名産地から取り寄せることもできます。コメと水を地元の「テロワール」で揃える自由もあれば、造り手が気に入って遠方から蔵に迎え入れたコメと地元の水を「マリアージュ」させる自由もあるとは、何とロマンチックではありませんか。

「日本酒は地域ごとの風味の特徴が明確でないので地理的表示（ＧＩ）には意味がない」

↓いいえ、地理的表示制度は、不正な産地名表示を防ぐための制度であり、正しい産地の製品が他の産地の製品と明確に異なる風味をもっていることを証明する制度ではありません。その産地ならではの特性が明確であり、その特性を維持するための管理が行われている場合に、指定を受けて地理的表示が保護されます。もし不正な産地名表示の製品が見つかれば、産地の関係者が裁判に訴えなくても行政が取り締まることになります。

「日本酒の地理的表示の一部では地域外のコメの使用を認めているので保護に値しない」

↓いいえ、地理的表示制度は、その産地ならではの特性を維持するための管理が行われていることが前提ですが、産地ならではの特性が維持されていれば、産地外の原料の使用を禁ずるものではありません。もちろん製造は産地内で行われることになります。

イタリアのパルマハムをご存じですか。パルマ県内の限られた地域でのみ生産される生ハムですが、原料の豚はイタリアの北部と中央部の十州で飼育されています。もちろんパルマハムの関係者が品種や飼料をチェックしていますが、その肉をパルマ県の限られた地域で塩漬け、乾燥、熟成させることにより、パルマハムの特性が維持されているのです。

「日本酒はコメの品種による風味の違いが小さく品種で選ぶ楽しさがない」

↓いいえ、ワインにも日本酒にも選ぶ楽しさは何通りもあります。ワインの場合は、産地、品種、ビンテージが中心ですが、日本酒の場合は、コメの精米歩合、麹の種類、酵母の種類、酵母の培養方法、日本酒と酒粕の分離方法、加熱処理の方法など、ラベルに表示されることが多い項目だけでもたくさんの要素が風味に影響を及ぼします。日本酒におけるコメの品種は風味を決めるたくさんの要素の一つに過ぎないので、ワインに親しんだ人には物足りないのかもしれません。ぜひ他の要素についても選ぶ楽しさを知ってください。

「ワインは安物は若いうちに飲むが高級品は熟成を経て真価を発揮する。日本酒は熟成させずに早飲みするので安物の酒だ」

↓いいえ、日本酒は新酒でも楽しむことができ熟成させても楽しむことができる「二度おいしい」酒です。歴史的にも古酒が好まれた時代と新酒が好まれた時代があります。明治以降は酒税の負担で酒蔵に貯蔵熟成のインセンティブが失われ、戦後は需要が急増して貯蔵熟成の余裕がなく、その後は精米技術の進化によるスッキリしたフルーティーな味の製品が好まれるようになり、熟成酒は一部の酒蔵でしか造られていません。しかし、最近は日本酒の需要が低迷しているほか、ワインやウイスキーが普及して消費者が熟成に価値を見いだす素地ができています。今後、熟成という付加価値をもつ日本酒が増えてくると思います。

「日本酒はコメの当たり年など年代物を選ぶ楽しさがないのでつまらない」

↓いいえ、日本酒の熟成酒はまだ種類が少なく、意識して探さないといけないかもしれませんが、熟成酒のラベルには、何年熟成かの表示と瓶詰め年月が書かれていることが多いです。複数の熟成酒をブレンドした製品はノン・ビンテージかもしれませんが、酒蔵によってはワインのように分かりやすく年号を表示した製品もあります。

ワインはブドウの良し悪しが風味を大きく左右するので収穫年が重要です。日本酒はコメの良し悪しは日本酒造りのさまざまな工程においてある程度調整ができるので、どの酒蔵にも共通して分かるような当たり年や外れ年はありません。日本酒の熟成酒を比べ飲みする際には、ワインと同じように、同じ酒蔵で熟成年数違いの製品を比較したり、同じ熟成年数で異なる酒蔵の製品を比較すると楽しいです。

「日本酒はラベル表示に明確なルールがないので分かりにくい」

↓いいえ、日本酒にもラベル表示のルールがあります。ただし、製造方法に関する表示が主体なので、地域・地方を基準によりさまざまな認証ルールがあるワイン表示のルールに慣れている外国人には分かりにくいかもしれません。でも、日本人の我々も外国のワイン表示を解読するのに苦労しているので、お互い様かもしれません。

日本酒を輸出する際の現地国表示については、輸出入業者の方々が苦労しているようです。現地国表示の裏ラベルを本来の裏ラベルの上から貼ってしまうと、日本語を読める人がオリジナルの情報に接することができなくなってしまいます。外国の酒を日本に輸入する際も同じ苦労があります。国際化時代に対応したラベル表示が、酒蔵の負担にならない形で進化するといいですね。

「日本酒には格付けの基準がないから接待に使えない」

↓いいえ、日本酒については毎年「全国新酒鑑評会」が開催されています。これは酒蔵が欠点のないおいしい酒を造ることができるかを審査するという意味で、酒を通じて酒蔵を格付けする機能を果たしています。何度も金賞を受賞している酒蔵は尊敬に値します。酒蔵に出品の義務はありませんが、あえて出品しない酒蔵は、格付けで接待に使う日本酒を選ぶ人の目に留まらなくても構わないと思っているはずですから、そこは気にする必要はありません。

最近は日本国内でも海外でもさまざまな日本酒のコンペティションが開催されています。審査員や審査基準はさまざまですが、ブラインド審査で入賞酒を決定するので、受賞酒を接待に使うのもいいと思います。伝統的な名産地のワインのように固定された格付けも分かりやすいですが、毎年審査されるという緊張感の下で透明性をもって選ばれた日本酒は、接待で使う際に良い話題になると思います。

もし接待の相手が、自分に出された酒の格付けで接待の軽重を判断するような人なのであれば、その際は割り切って、入手可能な一番値段の高い酒を出してはいかがですか。

「最高のワインは何十万円もするが最高の日本酒は何万円止まり。その程度の酒なのか」

→はい、そうだということにしておいてください。ぜひ何十万円もするワインを飲んでいてください。あなたのような方が日本酒に興味を示し始めると、いずれ何万円の日本酒が何十万円になり、何千円の日本酒が何万円になって、日本人が買えなくなってしまいます。

……いや、ちょっとまてよ。あなたのような方に何万円の日本酒をどんどん買ってもらって、そのお金を転売屋ではなく酒蔵にきっちり落としてもらい、酒蔵には交代で休みが取れる十分な人数の蔵人を十分な給料で雇ってもらい、必要な機材の更新もしてもらい、何千円の日本酒も末永く供給してもらった方が嬉しいかもしれない……。

あ、すみません、やっぱり、最高の日本酒は最高のワイン並みに何十万円もする価値があるんです。まだ日本人も外国人もその価値に気付いていないんです。いずれ最高の日本酒は何十万円になるかもしれません。今だったら何万円、お得ですよ、いかがですか。

4 こういう反論はNG

外国人の日本酒に関する誤解や偏見に接したら、大いに反論したくなるのは山々ですが、調子に乗ってかえって相手の反発を招かないように注意しましょう。以下は私が心がけているNG五項目です。

①日本（日本国民、日本文化、日本酒）が相手国より優秀だと自慢しない

健全な「お国自慢」はあってよいと思いますが、誰しも自分の国が優れている、進んでい

ると思いたいし、自分の国が劣っている、遅れているとは思いたくないものです。日本の自慢をすることが相手国を劣っている、遅れていると見なしていることになっていないか、自戒が必要です。

私はできるだけ、相手国の良いところを見つけて双方をセットで語るようにしています。相手も自分が褒められながらであれば日本の自慢も心の余裕をもって聞いてくれます。

あるいは、自慢の根拠がある時には自分で自慢せずに根拠に語らせるようにしています。日本の治安の良さを自分で語ると自慢になりますし時には反論されますが、日本の酔っ払いが電車で眠りこけている様子を自嘲気味に語りながら相手に「私の国ではありえない」と震撼してもらう分には自慢になりませんし反論もされません。

②日本と相手国の相違点を強調しない

相違点はあるのが当然ですが、相違点ばかり話していると相手との親近感や連帯感が損なわれるので人脈形成上はマイナスです。特に、外国人とビジネスの現場で話す場合は、相手国との共通点を見つけて双方をセットで語るに限ります。

さきほどワインの「テロワール」の話をしましたが、日本酒にも「地酒」という言葉があります。ワインと日本酒の違いを説明することも大切ですが、地酒の「地」は「テロワール」の「テラ」と同じ意味だと語って盛り上がることも大切です。

③根拠なく「世界中で日本だけ」「唯一」「独特」と特別視しない

日本酒の特徴を説明する際につい力んで「世界一」とは言わないまでも「世界中で日本酒だけ」と言ってしまいがちですが、世界中の酒を知っている人はいないと思います。

日本酒の入門書を読むと、日本酒の発酵はタンクの中で「デンプン→糖」と「糖→アルコール」の二種類の発酵が並行して行われると書いてあります。それがワインともビールとも異なる日本酒独自の技法であるように思ってしまいがちですが、中国の紹興酒などの黄酒も同様の技法です。もし聞き手に知っている人がいて指摘されると一気に信頼性を失います。別に日本以外の事例を隠す必要もなく、「世界でも日本酒の他には中国の紹興酒などわずかしかない」でも十分に珍しさは伝わりますし信頼性も上がります。

なお日本酒を含め和食の特徴として多彩な発酵食品が挙げられることがありますが、ワインもパンもチーズも発酵食品です。日本独自の発酵食品の話をするのであれば麹菌の話まで踏み込む必要が生じます。

④その場にいない第三者を生け贄にしない

相手との連帯感を深めるために、その場にいない第三者を馬鹿にする発言をする人がいます。酒飲み同士であれば、酒を飲めない人をネタにして笑い話をする例、外国人が相手であればその場にいない別の国の悪口を言う例などがあります。

いずれも、実は相手が第三者の属性も併せ持っている場合があったり、相手が第三者と仲良しであなたの発言が筒抜けになったりするリスクがあります。第三者に漏れなくても、相手があなたのことを「こいつはその場にいない第三者の悪口を言う奴だ」つまり「こいつは俺のいない場で俺の悪口を言うかもしれない奴だ」と思う可能性があります。ビジネスの現場においては得策ではありません。第三者の話題をする際にも、第三者が目の前にいても話せる内容かを意識する必要があります。

⑤政治、宗教、歴史で地雷を踏まない

よく「社交の席では政治、宗教、プロ野球の話はするな」と言われます。プロ野球やサッカーを含めスポーツの話は険悪になってもまだご愛敬ですが、政治と宗教で不用意な発言をすると、ビジネスの信頼関係を失う以前に人間性を疑われることもあります。

「政治には歴史や領土が含まれる」と言えば「政治や宗教」の緊張感が分かりやすいと思います。政治も宗教も、ちょっと議論した程度で自分の信条が変わるわけでも相手の信条を変えられるわけでもないので、発言には分別と慎重さが求められているのです。

日本酒の主要輸出先は、年によって順位は変動しますが、米国、中国、香港、韓国、台湾です。いずれも政治（特に歴史や領土）や宗教については地雷原です。日本人の場合、信条の対立というより、日本酒や日本文化について分かりやすいたとえ話をしようとして無邪気に政治や宗教に踏み込んで相手の神経を逆なでする発言をするパターンが多いように思います。無邪気と無知は紙一重です。決して触れてはいけないとは思いませんが、無邪気に踏み込むと相手も自分も傷つきますので気をつけましょう。

おわりに

この本では、専門用語や酒税法規の解説、個別の酒蔵や銘柄の紹介にはあえて深入りしませんでした。この本を読んで日本酒への関心と好奇心を深めた方が、他の日本酒関連書籍を読んだり、酒蔵のウェブサイトやウェブメディアを読んだり、日本酒のイベントに参加したり、日本酒資格の取得に挑戦することを期待しています。

趣味と実益を兼ねた日本酒資格

「国際きき酒師って何?」とよく尋ねられます。日本酒の伝え手のための呼称資格の一つが「きき酒師」です。その国際版が「国際きき酒師」で、テキストも試験も外国語です。日本酒に関する資格は、日本語資格も外国語資格も複数あります。

資格の取得には「自分の知見を整理し確認する」「自分に自信をつける」「自分のビジネスにおいて箔をつける」といった効果があります。日本酒が好きなビジネスマンには、趣味と実益を兼ねた自己啓発です。公務員にとっては趣味と国益を兼ねた自己啓発です。

日本酒が武器だとすると日本酒資格は駿馬

「日本酒は日本人ビジネスマンの武器になる」という話をしました。私はきき酒師の資格を取得したことにより、日本酒に関する行動半径が一気に広がりました。酒蔵を訪問しても、観光客向けの初歩的な説明ではなく専門知識を前提とした深い説明をしてくれます。イベントでもネット上でも日本酒に詳しい方やプロの方との接点が増えます。戦国時代にたとえると、日本酒が槍や刀だとすると、日本酒資格を取得したことで駿馬を与えられたような思いがしました。徒歩とは段違いに、フィールドを存分に駆け回ることができます。各地の武将へのお目通りも円滑になりました。

日本酒資格は国家資格より気軽に挑戦できる

ワインのソムリエ資格にはプロでないと受験できないものもありますが、日本酒資格はプロでなくても受験可能です。国家資格ではなく合格者の定員制限もないので、試験で一定水準に達すれば合格できます。通信講座で取得可能な資格もあります。

酒税法の日本酒分類は造り手目線ですが、ＳＳＩ認定「きき酒師」は、日本酒の飲み手目線・伝え手目線で、香りの強弱と味の強弱により日本酒を「薫酒」「爽酒」「醇酒」「熟酒」の四タイプに分類し、提供スタイルを考える手がかりにしているのが実用的です。初級者向けの「日本酒ナビゲーター」資格認定や「日本酒検定」試験も実施しています。

ＪＳＡ認定「サケ・ディプロマ」は、ワインのソムリエや愛好家を主対象にしており、ワインに関心ある人の目線で日本酒を理解することができます。ワインの素養がある外国人に対して日本酒をどう説明するかという問題意識をもっている人にとっては本格的です。

ＷＳＥＴ認定の日本酒資格は講座も試験も英語のみです。世界各地のワインスクールで同じカリキュラムの講座が実施されており、日本で受講しても、海外で日本酒を勉強する外国人と同じ目線で日本酒の勉強をすることができるグローバル感覚が刺激的です。

詳細については、ネット検索して、各認定団体のウェブサイトをご覧ください。

日本酒から焼酎・泡盛、日本ワイン、そして日本産酒類へ

この本では日本酒に焦点を当てましたが、私は外国人に対して、相手と状況によっては、焼酎（泡盛を含む）を勧めたことも、日本ワインを勧めたこともあります。他にも、クラフトビール、ウイスキーやジン、梅酒やシードルなど、日本産酒類は多様性に富んでいます。今後も日本酒のみならずさまざまな日本産酒類をビジネスの現場で活用したいと思います。

私は当初、十年前の自分自身を読者に想定して「グローバル人材のための日本産酒類入門」という執筆企画を温めていました。その後、時事通信出版局様より「日本酒だけでも一冊に収まらない分量の企画であり『日本酒』に専念した方がよい」「入門書は世の中に沢山あるので差別化のため読者を『ビジネスマン』と想定して書名に入れた方がよい」という助言をいただきつつ、出版の実現に至りました。改めて感謝申し上げます。

私が日本酒をはじめとする日本産酒類の研鑽を積む過程で、数多くの方々より薫陶を受けました。酒蔵や焼酎蔵やワイナリーで活躍している「造り手」、飲食店や酒販店をはじめ流

通の現場や、日本酒資格認証団体をはじめ各種記事やウェブメディアや講演で活躍している「伝え手」、そして先輩後輩を問わず私と一緒に飲み語りながら問題意識を共有し理解を深め合った「飲み手」の方々。余りにも多くて個々にお名前を挙げることができず恐縮ですが、皆様のおかげで今の自分があります。心より感謝申し上げます。他方で、諸先輩やプロの方々に遠く及ばない点についてはご寛恕をお願い申し上げます。

私は今後も海外駐在や海外出張を繰り返すことになると思います。「日本酒を語ることは日本を語ること」を念頭に、日本酒をはじめとする日本産酒類を活用していきたいと思います。ご高覧ありがとうございました。

二〇二〇年九月　中條一夫

〈主要参考文献〉
坂口謹一郎『世界の酒』岩波新書1957
坂口謹一郎『日本の酒』岩波新書1964
秋山裕一、原昌道『酒類入門』食品知識ミニブックスシリーズ　日本食糧新聞社1976
小泉武夫『日本酒ルネッサンス』中公新書1992
秋山裕一『日本酒』岩波新書1995
日本醸造協会『増補改訂最新酒造講本』日本醸造協会1996
篠田次郎『吟醸酒への招待』中公新書1997
小泉武夫、角田潔和、鈴木昌治『酒学入門』講談社1998
上原浩『純米酒を極める』光文社2002
ジョン・ゴントナー『日本人も知らない日本酒の話』小学館2003
高城幸司『日本酒がこんなに美味しいなんて!』技術評論社2005
日本醸造協会『改訂清酒入門』日本醸造協会2007
酒類総合研究所『うまい酒の科学』ソフトバンククリエイティブ2007

石川雄章『なぜ灘の酒は「男酒」、伏見の酒は「女酒」といわれるのか』実業之日本社２０１１
友田晶子『世界に誇る「国酒」日本酒』ギャップ・ジャパン２０１３
山同敦子『めざせ！日本酒の達人』ちくま新書２０１４
ジョン・ゴントナー『日本の酒ＳＡＫＥ』対訳ニッパン双書　ＩＢＣパブリッシング２０１４
杉村啓『白熱日本酒教室』星海社２０１４
高城幸司『「日本酒」を語れる本』アップフロントブックス２０１４
吉田元『「酒」ものと人間の文化史１７２』法政大学出版局２０１５
ＮＰＯ法人ＦＢＯ『酒仙人直伝よくわかる日本酒』ＮＰＯ法人ＦＢＯ２０１６
石田洋司『日本酒超入門』くびら出版２０１７
こいしゆうか『日本酒語辞典』誠文堂新光社２０１７
葉石かおり『日本酒のペアリングがよく分かる本』シンコーミュージック２０１７
日本酒サービス研究会・酒匠研究会連合会『新訂日本酒の基』ＮＰＯ法人ＦＢＯ２０１８
松崎晴雄『日本酒ガイドブック《英語対訳付き》』実業之日本社２０１８
千葉麻里絵、宇都宮仁『最先端の日本酒ペアリング』旭屋出版２０１９
上杉孝久『いいね！日本酒』ＷＡＶＥ出版２０２０

【著者紹介】

中條一夫（ちゅうじょう・かずお）

国際きき酒師（外国人に日本酒の説明・提供を外国語で行うスペシャリスト）。
1967年北九州市生まれ。1987年福岡県立東筑高校卒。1992年東京大学大学院法学政治学研究科修士課程専修コース修了。1992年外務省入省。1993年の東京サミットの際、晩餐会で日本酒が乾杯酒に使われたことに感銘を受ける。その後、海外駐在（4か国11年間）や海外出張（数十か国・地域）を通じ、外国人に対して日本食および日本酒の紹介や説明を行った経験多数。帰国後も週末の酒蔵訪問や日本酒イベントのボランティア等を通じて研鑽を重ねつつ、日本人・外国人を問わず、酒蔵案内、講演（外務省の在外公館赴任前研修での日本酒講座講師など）、自主セミナーを通じ、日本酒・焼酎をはじめとする日本産酒類の魅力を伝えている。2014年、第四回世界きき酒師コンクール決勝大会で審査員特別賞受賞。2018年、日本酒英語資格三冠達成第一号（ＳＳＩ国際きき酒師、ＷＳＥＴサケ・レベル３、ＪＳＡサケ・ディプロマ・インターナショナル）。他にＳＳＩ焼酎きき酒師、日本酒学講師等。

【staff】

装　　幀　　中トミデザイン
本文デザイン　中トミデザイン
組　　版　　大悠社
編　　集　　永田一周

できるビジネスマンは日本酒《にほんしゅ》を飲《の》む
外国人《がいこくじん》の心《こころ》をつかむ最強《さいきょう》ツール「SAKE《サケ》」活用術《かつようじゅつ》

2020年10月30日　初版発行

著　者：中條一夫
発行者：武部 隆
発行所：株式会社時事通信出版局
発　売：株式会社時事通信社
〒104-8178 東京都中央区銀座5-15-8
電話03(5565)2155　http://bookpub.jiji.com/

印刷／製本　株式会社太平印刷社

ISBN978-4-7887-1709-1 C0036 Printed in Japan